科普图书馆

U0960438

"科学就在你身边"系列

宇宙万物我支配

——神奇的力

总 主 编 杨广军
副总主编 朱焯炜 章振华 张兴娟
胡 俊 黄晓春 徐永存
本册主编 肖 敏

上海科学普及出版社

图书在版编目（CIP）数据

宇宙万物我支配:神奇的力/杨广军主编. --上海:上海科学普及出版社, 2014(2023.3重印)
(科学就在你身边)
ISBN 978-7-5427-5706-7

Ⅰ. ①宇… Ⅱ. ①杨… Ⅲ. ①力学-普及读物
Ⅳ. ①O3-49

中国版本图书馆 CIP 数据核字(2013)第 047296 号

组　　稿　胡名正　徐丽萍
责任编辑　刘湘雯

"科学就在你身边"系列
宇宙万物我支配
——神奇的力
总主编　杨广军
副总主编　朱焯炜　章振华　张兴娟
胡　俊　黄晓春　徐永存
本册主编　肖　敏
上海科学普及出版社出版发行
(上海中山北路 832 号　邮政编码 200070)
http://www.pspsh.com

各地新华书店经销　北京一鑫印务有限公司印刷
开本 787×1092　1/16　印张 15　字数 230 000
2014 年 1 月第 1 版　　2023年 3月第 3次印刷

ISBN 978-7-5427-5706-7　　定价:48.00元

卷首语

是什么让飞机展翅高飞，是什么让万吨巨轮劈波斩浪，是什么推动地球不停转动，是什么驱使宇宙飞船遨游太空？

小到肉眼看不见的原子，大到广袤无垠的宇宙，神奇的力统帅着一切物理现象。它让我们能快步如飞、行动自如，它让我们能建起高楼、凿穿高山，它让我们能飞上蓝天、遨游大海……是力，让人们的生活变得丰富多彩，一切想象都有实现的可能。

让我们一起来推开力的世界的大门，走进神奇的力的天地吧！

目 录

世界的统帅——神奇的力

丰富多彩——各种各样的力

宇宙万物我支配

身边处处皆学问——生活中的力学

力铸就运动之美——体育中的力学

世界的统帅

——神奇的力

自然界的物体不是孤立存在的，它们之间具有多种多样的相互作用。正是由于这些相互作用，物体在形状、运动状态以及其他肉眼不能察觉的许多方面发生变化。在物理学中，物体间的这些相互作用抽象为一个概念——力。

我们所说的基本相互作用是指决定物质的结构和变化过程的基本的相互作用。目前物理学界认为，世界上存在着四种基本相互作用：引力相互作用、电磁相互作用、强相互作用、弱相互作用。

力的本质是什么？四大基本相互作用又有什么特点呢？在这一章中，我们为你一一道来。

生活中离不开它——力

我们在生活中会接触到各种各样的力，如拉力、推力、支持力、压力、引力等等。什么是力呢？力是物体之间的相互作用。当物体受其他物体的作用后，能使物体获得加速度或者发生形变的都称为“力”。它是物理学中重要的基本概念。

力的概念

物体之间的相互作用称为“力”。一个物体受到力的作用，一定有另一个物体对它施加这种作用，前者是受力物体，后者是施力物体。只要有力的作用，就一定有受力物体和施力物体。平常所说，物体受到了力，而

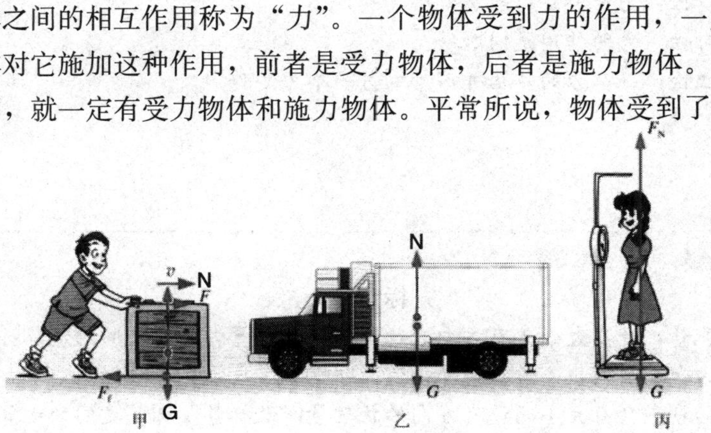

◆各种各样的力

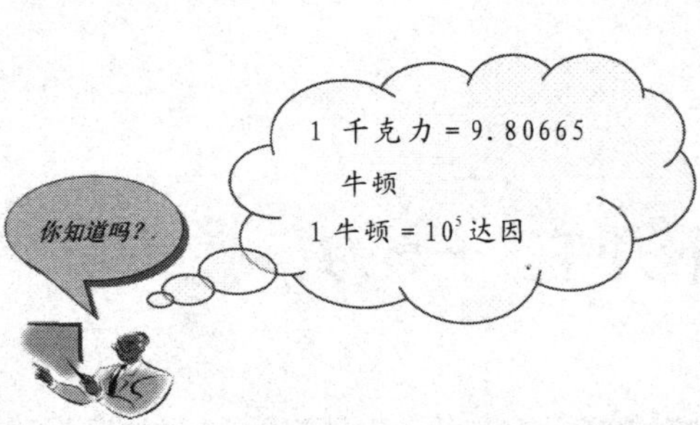

没指明施力物体，但施力物体一定是存在的。不管是直接接触的物体还是间接接触的物体间的力的作用；也不管是宏观物体还是微观物体间的力的作用，都不能离开物体而单独存在。

力是一个矢量，力的大小、方向和作用点是表示力作用效果的重要特征，称为力的三要素。力的合成与分解遵守平行四边形法则。在国际单位制（SI）中规定，使质量为1千克的物体，产生加速度为1米/秒^2 的力为1牛顿，符号是N。这是为了纪念英国科学家伊萨克·牛顿而命名的。

讲解——力的五大性质

力具有五大性质，分别是物质性、相互性、矢量性、同时性和独立性。

物质性：力是物体对物体的作用，一个物体受到力的作用，一定有另一个物体对它施加这种作用，力是不能摆脱物体而独立存在的。

相互性：任何两个物体之间的作用总是相互的，施力物体同时也一定是受力物体。

矢量性：力是矢量，既有大小又有方向。

同时性：力的作用是同时的。

独立性：一个力的作用并不影响另一个力的作用。

知识窗

标量和矢量

矢量：既有大小又有方向的物理量叫做矢量。矢量之间的运算并不遵循一般的代数法则，而遵循特殊的运算法则。

标量：只有大小而没有方向的物理量叫做标量。标量之间的运算遵循一般的代数法则。

测量工具

测量力的大小的工具是弹簧秤，又叫弹簧测力计。弹簧秤是一种利用弹簧的形变与外力成正比的关系制成的测量作用力大小的装置，分压力和拉力两种类型。压力弹簧秤的托盘承受的压力等于物体的重力，秤盘指针旋转的角度指示所受压力的数值。拉力弹簧秤的弹簧下端和一个钩子连在一起，弹簧的上端固定在壳顶的环上。将被测物体挂在钩上，弹簧即伸长，而固定在弹簧上的指针随着下降。由于在弹性限度内，弹簧的伸长与所受之外力成正比，因此作用力的大小或物体重量可从弹簧秤的指针指示的外壳上的标度数值直接读出。

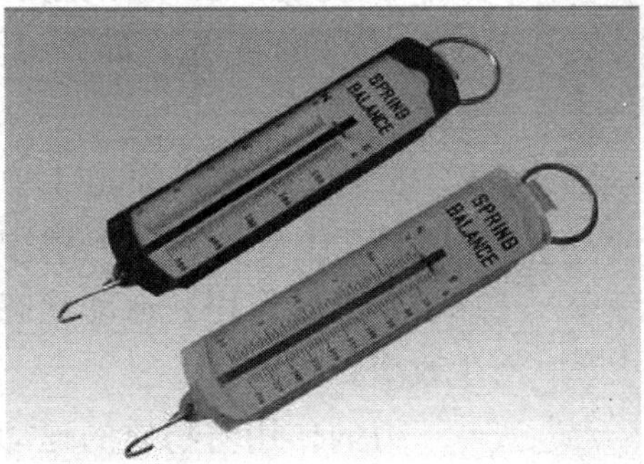

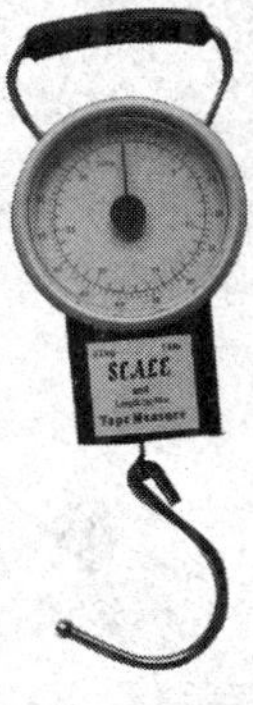

◆各种各样的弹簧秤

如果你想测试一下手掌的握力大小，那有一种握力计就是最好的测量工具。用力握紧握力计，就能在表盘上读出握力的大小了。

力的作用效果

◆橡皮泥发生了形变

◆足球的运动状态发生改变

力的作用效果是使物体产生形变或者物体的运动状态发生改变。

在力学的范围内，所谓形变是指物体的形状和体积的变化。所谓运动状态的变化是指物体的速度变化，包括速度大小或方向的变化，即产生加速度。

左上图中橡皮泥由于力的作用而产生形变。左下图中足球由于力的作用其运动状态发生改变。

力的作用与物质的运动一样要通过时间和空间来实现。而且，物体的运动状态的变化量或物体形态的变化量，取决于力对时间和空间的累积效应。根据力的定义，对任何一个物体，力与它产生的加速度方向相同，它的大小与物体所产生的加速度大小成正比。且两力作用于同一物体所产生的加速度，是该两力分别作用于该物体所产生的加速度的矢量和。

拓展思考

1. 观察你身边事物，哪些物体之间有力的作用？

2. 你知道力的种类有哪些？

3. 力的测量工具是什么？你使用过哪几种力的测量工具？

4. 想象一下，如果我们生活在没有力的世界里，我们的生活会变成怎样？

构成世界的基础
——基本相互作用

◆星系

基本相互作用是指决定物质的结构和变化过程的基本的相互作用。目前物理学界公认，世界上存在着四种基本的相互作用：引力相互作用、电磁相互作用、强相互作用、弱相互作用。这四种相互作用按强弱来排列，顺序是：强相互作用、电磁相互作用、弱相互作用、引力相互作用。近代物理的观点倾向于认为这四种基本相互作用是统一的。

引力相互作用

引力相互作用，又称为万有引力，是所有物体之间都存在的一种相互作用，是一种长程力，力程为无穷。其规律是牛顿万有引力定律，更为精确的理论是广义相对论。在四种基本相互作用中最弱，远小于强相互作用、电磁相互作用和弱相互作用，在微观现象的研究中通常可不予考虑，然而在天体物理研究中起决定性作用。按照近代物理的观点，引力作用是通过场或通过交换场的量子实现的，引力场的量子称为引力子。

由于引力常量G很小，因此对于通常大小的物体，它们之间的引力非常微弱，在一般的物体之间存在的万有引力常被忽略不计。但是，对于具有极大质量的天体，引力成为决定天体之间以及天体与物体之间的主要作

◆仙女座星系

用。我们通常可以用万有引力来解释一些天文现象，比如：银河系、黑洞和宇宙膨胀；以及基本天文现象，例如：行星的公转；还有一些生活常识，例如：物体下落、很重的物体好像被固定在地上、人不能跳得太高等。

万有引力是第一种被数学理论描述的相互作用。在古代，亚里士多德建立了具有不同质量的物体是以不同的速度下落的理论。到了科学革命时期，伽利略用实验推翻了这个理论——如果忽略空气阻力，那么所有的物体都会以相同的速度落向地面。牛顿被苹果砸到时发现地心引力，进而引申出万有引力定律。在1915年，爱因斯坦完成了广义相对论，将重力用一种更精确的方式描述——时空几何，并指出引力是空间与时间弯曲的一种影响。

◆伽利略（Galileo，1564－1642，意大利物理学家、天文学家和哲学家，近代实验科学的先驱者）

电磁相互作用

电磁相互作用包括静止电荷之间以及运动电荷之间的相互作用。两个点电荷之间的相互作用规律是19世纪法国物理学家库仑发现的。运动着的带电离子之间，除存在库仑静电作用力之外，还存在洛伦兹力的相互作用。

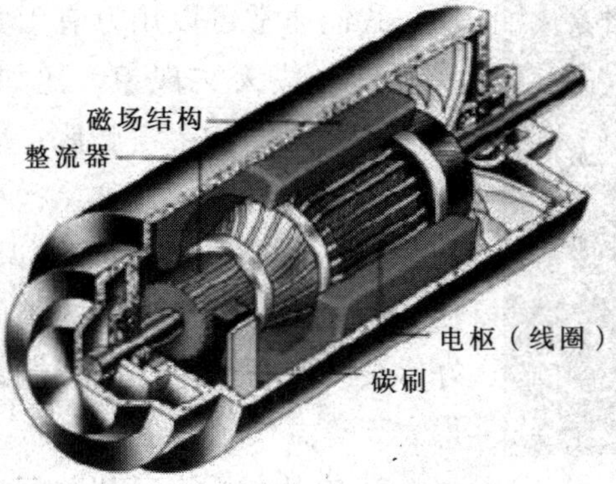

◆直流发电机

$$
\begin{cases}
\oiint D \cdot ds = q \\
\oiint B \cdot ds = 0 \\
\oint E \cdot dl = -\iint \frac{\partial B}{\partial t} \cdot ds \\
\oint H \cdot dl = I + \iint \frac{\partial D}{\partial t} \cdot ds
\end{cases}
$$

或

$$
\begin{cases}
\nabla \cdot D = \rho \\
\nabla \cdot B = 0 \\
\nabla \times E = -\frac{\partial B}{\partial t} \\
\nabla \times H = J + \frac{\partial D}{\partial t}
\end{cases}
$$

◆麦克斯韦方程组

电磁相互作用是带电物体或具有磁矩物体之间的相互作用，是一种长程力，力程为无穷。宏观物体之间的相互作用，如摩擦力、弹性力以及各种化学作用，所有接触力都是大量原子、分子之间电磁相互作用的宏观表现。其强度仅次于强相互作用，居四种基本相互作用的第二位。电磁作用研究得最清楚，其规律总结在麦克斯韦方程组和洛伦兹力公式中，更为精确的理论是量子电动力学。量子电动力学是物理学的精确理论，按照量子电动力学，电磁相互作用是通过交换电磁场的量子（光子）而传递的，它能够很好地说明正反粒子的产生和湮没，电子、μ 子的反常磁矩与兰姆移位等真空极化引起的细微电磁效应，理论计算与实验符合得非常好。电磁相互作用引起的粒子衰变称为电磁衰变。最早观察到的原子核的 γ 跃迁就是电磁衰变，其他还有如 $\pi^0 \to \gamma + \gamma$ 等。电磁衰变粒子的平均寿命为 $10^{-16} \sim 10^{-20}$ 秒。

弱相互作用

最早观察到的原子核的 β 衰变是弱相互作用现象，凡是涉及中微子的反应都是弱相互作用过程。弱相互作用仅在微观尺度上起作用，其力程最短，大约在 10^{-18}m 范围内，其强度在四种相互作用中居第三位。由于弱相互作用比强相互作用和电磁相互作用的强度都弱，故有此名。有两种弱相互作用，一种是有轻子（电子 e，中微子 ν，μ 子以及它们的反粒子）参与的反应，如 β 衰变、μ 子的衰变以及 π 介子的衰变等；另一种是 K 介子和 Λ 超子的衰变。

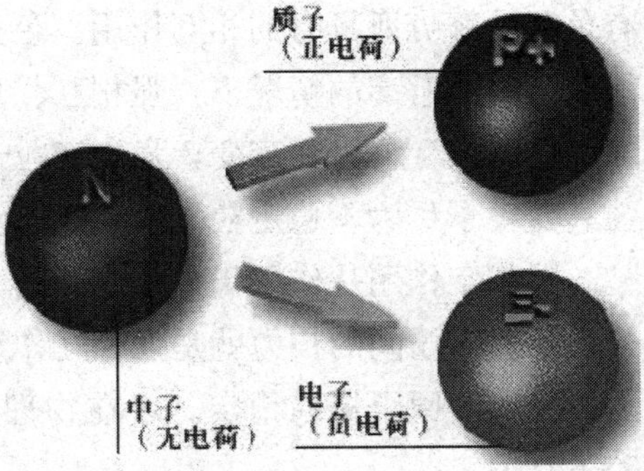

◆弱相互作用

弱相互作用的一个特点是对称性低。在弱相互作用中，空间反射、电荷共轭和时间反演的对称性都被破坏；同位旋、奇异数、粲数、底数等在强作用下守恒的量子数都不守恒。

弱相互作用与电磁相互作用虽然很不相同，却又有相似之处。弱相互作用流与电流一样说明是守恒的，它们之间还有以对称性相联系的关系。在 20 世纪 60 年代末提出了弱作用和电磁作用统一的规范理论。标准的弱电统一规范模型与所有低能的弱作用实验结果一致。理论中预言的中间玻色子也已于 1983 年被发现。弱相互作用通过交换中间玻色子而传递。弱相互作用引起的粒子衰变称为弱衰变，弱衰变粒子的平均寿命大于 10^{-13} s。

强相互作用

◆核爆炸

最早认识到的质子、中子间的核力属于强相互作用，是质子、中子结合成原子核的作用力，后来进一步认识到强子是由夸克组成的，强相互作用是夸克之间的相互作用力。强作用最强，也是一种短程力。其理论是量子色动力学。强相互作用是一种色相互作用，具

有色荷的夸克所具有的相互作用。色荷通过交换八种胶子而相互作用，在能量不是非常高的情况下，强相互作用的媒介粒子是介子。强相互作用引起的粒子衰变称为强衰变，强衰变粒子的平均寿命最短，为$10^{-20}\sim10^{-24}$ s，强衰变粒子称为不稳定粒子或共振态。

强相互作用是作用于强子之间的力，是所知四种宇宙间基本作用力中最强的。核子间的核力就是强相互作用，它抵抗了质子之间的强大的电磁力，维持了原子核的稳定。现在物理学家认为强相互作用的产生与夸克、胶子有关。

强相互作用比其他三种基本作用有更大的对称性，也就是说，在强相互作用中有更多的守恒定律。强相互作用不像引力和电磁相互作用那样是长程力，而是短程力。但是它的力程比弱相互作用的力程长，约为10^{-15} m，大约等于原子核中核子间的距离。

什么是强相互作用的本质，长期以来是物理学中的难题。人们曾经提出过许多强相互作用的理论，它们取得的成就都很有限。原因之一是理论中没有小参量，因而找不到可靠的近似方法。人们由强子的夸克模型和规范场的概念出发提出量子色动力学。在这个理论中，强相互作用是组成强子的夸克之间通过一些称为胶子的规范粒子场传递的作用。这个理论有在小距离处作用变弱的性质，它被认为是有希望的强相互作用基本理论。

拓展思考

1. 生活中常见的力有哪些？它们分别是什么相互作用？
2. 比较一下四种相互作用有什么不同？它们的强弱顺序怎样？
3. 你知道有哪些科学家在力学研究中作出了贡献？
4. 利用互联网搜索一下四种相互作用的知识。

丰富多彩

——各种各样的力

在我们的生活中，我们能接触到各种各样的力，力分为接触力和非接触力。接触力需要接触到物体才会有力的效应，如弹力、摩擦力、浮力等。非接触力又叫超距力，不需接触物体就会有力的效应，如万有引力、静电力、磁力等。

各种各样的力各有所长，它们各司其职，在自己的岗位上发挥出巨大的作用。弹力使我们能拿起物体，摩擦力使我们能正常地走动，万吨巨轮劈波斩浪是浮力的作用，蔚蓝地球转个不停是万有引力的功劳，电磁力的作用让我们惊叹不已，核力的力量让我们叹为观止……

在这一章里，让我们进入丰富多彩的力的世界，来看看各种各样的力吧！

大自然的“推拿”功夫——弹力

我们在日常生活中观察到的相互作用，无论是推、拉、提、举，还是牵引列车、锻打工件、击球、弯弓射箭等，都是在物体与物体接触时才会发生的，这种相互作用可称为接触力。接触力按其性质可归纳为弹力和摩擦力，它们本质上都是由电磁力引起的。

◆拉力

弹力的概念

物体在力的作用下发生的形状或体积改变叫做形变。在外力停止作用后，能够恢复原状的形变叫做弹性形变。发生弹性形变的物体，会对跟它接触的物体产生力的作用，这种力叫弹力。通常所说的压力、支持力、拉力、推力都是弹力。

◆弯弓射箭

◆推力和拉力

弹力是接触力，弹力只能存在于物体的相互接触处，但相互接触的物体之间，并不一定有弹力的作用。因为弹力的产生不仅要接触，还要相互挤压或拉伸，产生弹性形变。

弹力的方向总是与物体形变的方向相反。压力或支持力的方向总是垂直于支持面而指向被压或被支持的物体。绳的拉力也是弹力，方向总是沿着绳而指向绳收缩的方向。

弹性形变

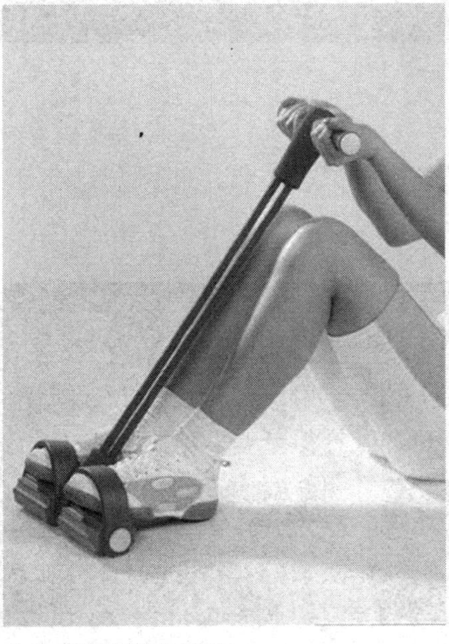

◆拉力器的弹性形变

弹性形变是指固体受外力作用而使各点间相对位置发生改变，当外力撤销后，固体又恢复原状的形变，如弹簧的形变。

因物体受力情况不同，在弹性限度内，弹性形变有四种基本类型：即拉伸和压缩形变、切变、弯曲形变和扭转形变。

弹力的大小跟形变的大小有关系。在弹性限度内，形变越大，弹力也越大；形变消失，弹力就随着消失。对于拉伸形变（或压缩形变）来说，伸长（或缩短）的长度越大，产生的弹力就越大。对于弯曲形变来说，弯曲得越厉害，产生的弹力就越大。对于扭转形变来说，扭转得越厉害，产生的弹力就越大。

如果形变过大，超过一定限度，物体的形状将不能完全恢复，这个限度叫做弹性限度。物体因形变而导致形状不能完全恢复，这种形变叫做“塑性形变”，也称“范性形变”。

弹簧弹力

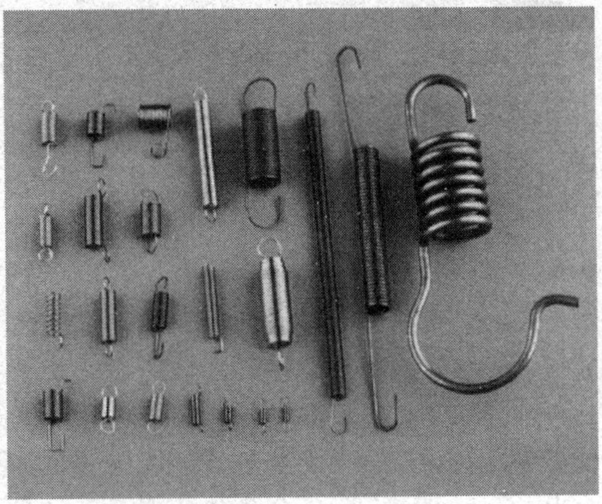

◆各种各样的弹簧

弹簧发生弹性形变时，弹力的大小 F 跟弹簧伸长（或缩短）的长度 x 成正比，即 $F=kx$。其中，k 称为弹簧的劲度系数（也叫倔强系数或弹性系数），在数值上等于弹簧伸长（或缩短）单位长度时的弹力。单位是牛顿/米，符号是 N/m。k 与其材料的性质有关，弹簧的软硬之分，指的就是它们的劲度系数不同。而且不同的弹簧的劲度系数一般是不同的。这个规律是英国科学家罗伯特·胡克发现的，叫做胡克定律。

名人介绍——罗伯特·胡克

罗伯特·胡克（1635—1703 年）于 1635 年 7 月 18 日出生于英格兰南部威特岛的弗雷施瓦特。父亲是当地的教区牧师。胡克从小体弱多病，性格怪僻但却心灵手巧，酷爱摆弄机械，自制过木钟、可以开炮的小战舰等。十岁时，胡克对机械学发生了强烈的兴趣，并为日后在实验物理学方面的发展打下了良好的基础。1648 年，胡克的父亲逝世后，家道中落。十三岁的胡克被送到伦敦一个油

◆罗伯特·胡克

画匠家里当学徒，后来做过教堂唱诗班的领唱，还当过富豪的侍从。在威斯特敏斯特学校校长的热心帮助下，胡克修完了中学课程。1653年，胡克进入牛津大学里奥尔学院作为工读生学习。在这里，他结识了一些颇有才华的科学界人士。这些人后来大多成为英国皇家学会的骨干。此时的胡克热心于参加医生和学者活动小组，并且显露出独特的实验才能。1655年胡克成为牛津大学威力斯（1621—1675年，英国医学家、脑及神经科专家）的助手，还被推荐到玻意耳的实验室工作。由于他的实验才能，1662年被任命为皇家学会的实验主持人，为每次聚会安排三、四个实验，1663年获硕士学位，同年被选为皇家学会正式会员，又兼任了学会陈列室管理员和图书管理员。1665年，胡克担任格列夏姆学院几何学、地质学教授，并从事天文观测工作。1666年伦敦大火后，他担任测量员以及伦敦市政检查官，参加了伦敦重建工作。1677年至1683年就任英国皇家学会秘书并负责出版会刊。学会的工作条件使他在当时自然科学的前沿（如机械仪器改制、弹性、重力、光学，乃至生物、建筑、化学、地质等方面）做出了自己的贡献。1676年，胡克发表了著名的弹性定律。1703年3月3日，胡克逝世于伦敦，终年68岁。

作用力与反作用力

一个物体对另一个物体施加了作用力，受力物体反过来会给施力物体施加一个反作用力。这两个力大小相等，方向相反，且作用在同一直线上，叫做相互作用力。

我们在滑水比赛中常常看到滑水运动员在水面上乘风破浪，快速滑行，为什么滑水运动员站在滑板上不会沉下去呢？

原因就在这块小小的滑板上。滑水运动员在滑水时，总是身体向后倾

◆滑水运动

◆小狗冲浪也疯狂

斜，双脚向前用力蹬滑板，使滑板和水面有一个夹角。当前面的游艇通过牵绳拖着运动员时，运动员就通过滑板对水面施加了一个斜向下的力。而且，游艇对运动员的牵引力越大，运动员对水面施加的这个力也越大。因为水不易被压缩，根据牛顿第三定律，水面就会通过滑板反过来对运动员产生一个斜向上的反作用力。这个反作用力在竖直方向的分力等于运动员的重力时，运动员就不会下沉。

因此，滑水运动员只要依靠技巧，控制好脚下滑板的倾斜角度，就能在水面上快速滑行。

你知道吗？

牛顿第三定律

两个物体之间的作用力和反作用力，在同一条直线上，大小相等，方向相反。

拓展思考

1. 在生活中弹力有哪些形式？请举例说明。

2. 什么是弹性形变？弹性形变有哪几种形式？

3. 胡克定律的内容和公式是什么？

4. 牛顿第三定律的内容是什么？你知道牛顿第一定律和牛顿第二定律的内容吗？

磨磨蹭蹭——摩擦力

在日常生活中我们能经常接触到摩擦力。例如，拿在手中的瓶子、毛笔不会滑落，就是静摩擦力作用的结果；滑雪橇要受到滑动摩擦力；车轮滚动要受到滚动摩擦力。摩擦力在生产与生活中的应用也很多。例如，皮带运输机就是靠货物和传送皮带之间的静摩擦力来传递货物的。如果没有摩擦力的话，我们寸步难行。那么摩擦力到底是怎么产生的呢？它有什么作用呢？我们怎样才能更好地利用它呢？快来看看这一节的内容吧！

◆打滑失控

摩擦力的概念

两个互相作用的物体，当它们发生相对运动或有相对运动趋势时，沿接触面切线方向有阻碍相对滑动的作用，这种现象称为摩擦；这种阻碍相对滑动的作用力称为摩擦力。摩擦力是电磁力的一种表现形式。摩擦力的方向与相对运动或相对运动趋势的方向相反。

◆摩擦生热导致汽车突然起火

摩擦力的产生

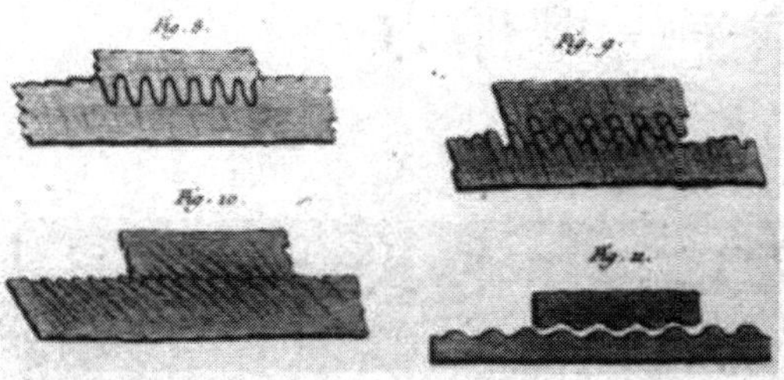

◆1785 年库仑对摩擦的解释

摩擦力产生在两个接触表面之间。我们用肉眼看到的光滑固体表面，当用放大镜观察时，就会发现其表面是凹凸不平的，好像布满了高峰山谷一般。经过车床加工的金属表面，峰高可达 5 微米；再经过仔细研磨，峰高可以减至 0.1 微米。但这相对于原子尺度仍然是很大的。因此，当两个物体相互接触时，真正接触的只是物体表面的峰丘。在这些真正接触的区域内，两个接触表面的原子非常接近，原子之间具有非常强的相互作用力。在接触点以外的其他区域，两物体表面的原子之间的距离比较大，从几埃到几十埃（1 埃＝10^{-10}米）。这些原子之间的相互作用力比较弱，与真正接触区域相比可以忽略不计。而接触区域的面积之和要比物体表观面积小得多。

当两个接触面发生相对滑动的时候，势必要以剪切的方式破坏原来所有的接触点，使两个接触表面的凸起部分相碰撞而产生断裂、磨损，从而形成了对物体运动的阻碍。平行于接触表面而使接触点破坏所需要的剪切力，就等于摩擦力。

两物体表面开始接触时是一种点接触，在法向正压力的作用下，这些接触点的负荷很大，会使相接触的凸起部分产生塑性形变，从而使接触面积增大。坚硬的材料使其产生这种形变比较困难，即产生等量的形变需要更大的负荷。所以，两个物体表面真正相接触的面积大小，与所施加的法向正压力成正比，与相接触材料的硬度成反比。

静摩擦力

两个相互接触而又相对静止的物体，在外力作用下如果只具有相对滑

◆汽车转弯时所需的向心力是由车轮与路面间的静摩擦力提供的

动趋势，而又未发生相对滑动，则它们接触面之间出现的阻碍发生相对滑动的力，叫做“静摩擦力”。静摩擦力的方向跟接触面平行或相切，并且跟物体相对运动趋势方向相反。

静摩擦力存在最大值，称为最大静摩擦力，它等于使物体刚要运动所需要的最小外力。最大静摩擦力与接触面压力成正比，最大静摩擦力随压力的增长而增长，随压力的减小而减小。静摩擦力的大小不是一个定值，静摩擦力随实际情况而变，大小在零和最大静摩擦力 F_{max} 之间，其数值可由物体的运动状态确定。

静摩擦力是很常见的。例如，拿在手中的瓶子、毛笔不会滑落，就是静摩擦力作用的结果。能把线织成布，把布缝制成衣服，也是靠纱线之间的静摩擦力的作用。静摩擦力在生产技术中的应用也很多。例如，皮带运输机是靠货物和传送皮带之间的静摩擦力把货物送往别处。还有，自行车、汽车主动轮与地面之间的摩擦力也属于静摩擦力，也就是说，滚动摩擦力也属于静摩擦力。

滑动摩擦力

当一个物体跟另一个物体发生相对滑动时，在它们的接触面上产生的摩擦力叫做滑动摩擦力。滑动摩擦力的方向总是跟接触面相切，并且跟物体的相对运动方向相反。

滑动摩擦力的大小 F 与接触面上正压力（即法向分力 N）成正比：

$F=\mu N$

其中 μ 是滑动摩擦系数，与材料材

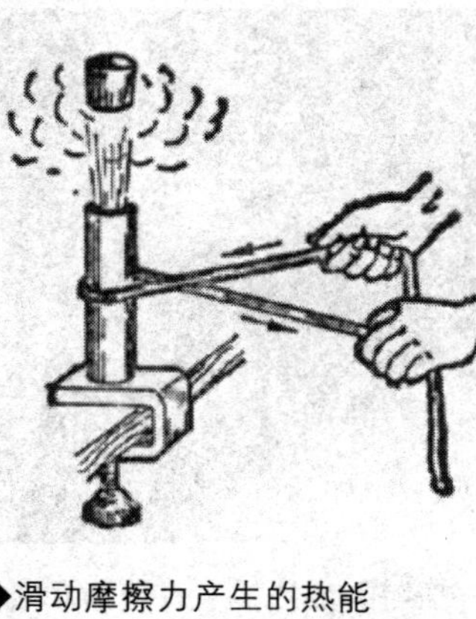

◆滑动摩擦力产生的热能

质、粗糙程度、刚度等因素有关，材质不同，摩擦系数也不同；材料越粗糙，刚度越小，摩擦系数越大。与物体的接触面积无关。

知识库——动摩擦系数 μ

◆路面摩擦系数测定仪

摩擦系数 μ 等于摩擦力 f 与法向正压力 N 的比值，即：$\mu=\frac{f}{N}$。

摩擦系数 μ 同两个物体的接触面积和滑动速度等因素无关。实验结果证明，对于一般机械加工的表面，摩擦系数 μ 同物体的表面粗糙程度有关；对于很粗糙的表面，因接触面凸与凹部分交错啮合，会使摩擦系数 μ 增大；对于非常光滑的表面，尤其是特别清洁的表面，由于真正接触面积增大和接触点粘结强度提高，所以摩擦系数 μ 也会增大。表面越光洁，摩擦系数的 μ 值也越大，这同人们一般的常识不同。

滚动摩擦力

◆车轮滚滚

力矩和力都能使物体滚动，但它们对瞬心有平动作用。滚动时的摩擦作用就是这种平动作用引起的反作用。它和具有滑动趋势时的摩擦作用是一样的，也是静摩擦力。这个静摩擦力的大小对物体的滚动有很大影响。以往的讨论都是假定静摩擦力大于动力的条件下进行的，当静摩擦力

小于动力时，物体将产生滑动或转动。这类事实在我们日常生活中是常见的。例如，若脚下很滑，即摩擦作用小，人行走就会很吃力；汽车若在带冰的路上行驶会出现“打滑”。它们都说明摩擦对滚动运动有很大影响。也就是说，对滚动来讲，摩擦作用是稳定瞬心，使之不产生位移的必要条件。摩擦作用越大，瞬心稳定性越强；没有摩擦作用就不能产生滚动。

走路时的摩擦力

匀速运动的条件是物体完全不受力的作用或者受到的是平衡力的作用。假如人能够作匀速运动，那么人必定受到了平衡力的作用。为方便分析，现假设某人正在平直道路上行走，竖直方向的受力无疑是平衡力，那这个人沿水平方向呢，是否能受到平衡力作用？恐怕不能。因为，一般来说，人走路的时候，大部分时间是两只脚底交替和地面接触，两只脚底同时和地面接触的时间不长，而一个接触面上只有可能产生一个摩擦力，因此大部分时候人所受的水平方向的作用力只有一个，不可能是平衡力，人也就不可能匀速前进了。

◆人走路时的摩擦力

既然人不能匀速前进，那么人就是在变速运动了，但是是怎样变速运动的，还要从人行走时所受的摩擦力说起。脚掌与地面在力的作用下会产生摩擦，它是由体重作用引起的。

平衡力：两个力大小相等、方向相反、作用在一条直线上、作用在同一个物体上。

人起动时，一般提起左脚，同时右脚对地

◆国庆大阅兵

向后用力，相对地面有向后的运动趋势，人就受到地面的向前的静摩擦力，也就向前加速运动。那么人是不是总是这样受力呢？也不是。可以设想一下，假如人总是这样受力，那速度岂不是越来越快，快得比汽车火车都快，这当然是不可能的。

人从发出抬腿的神经指令到运动肌肉开始运动，再到腿抬起后在人的前方放下，是需要一定的时间的。如果人在低速慢行，那么放下去的那一只脚相对于地面的运动方向就可以是任意的，即可以是相对地面向前运动，可以相对于地面向后运动，也可以是相对于地面静止。不过，一般情况下总是相对于地面静止或者相对于地面向前运动。如果人的速度已经够快了，例如以 5m/s 的速度奔跑，那么跨出去的那一只脚落地的时候必定相对于地面向前运动，因为没有足够的时间让人以大于 5m/s 的速度跨出脚并在落地前用力使脚相对于地面的速度迅速变为零甚至变为向后的速度，那已经超出人的肌肉运动所能产生的加速度了。所以，一般情况下，伸到人前方的那一只脚落地时就不受地面的摩擦力或者受到的地面的摩擦力是向后的。

一般情况下，在人的前脚落地之后，总是由后脚用力向后蹬获得向前的静摩擦力，而前脚并不用力向后蹬，人在潜意识里总是要劳逸结合。随着人的重心前移，前脚所受正压力增大，导致脚底和地面之间的最大静摩擦力也增大，滑动摩擦力迅速转变为向后的静摩擦力。当后脚提起来之后，前脚已经处于人的质心的下方，这时候才会用力向后蹬获得继续前进的摩擦力。接下来就是重复前面的过程。可以知道，没有摩擦，寸步难行。

所以，人走路的时候，既不是持续地加速，也并非持续地减速，而是加速和减速交替出现。加速使得人能够向前运动，而减速能使人得到充裕的时间准备下一个动作，不至于跌倒，也能使人劳逸结合，从而能够长时间地向前运动。

很多人以为，既然人行走会受到地面的摩擦力，而且摩擦力的方向恰好和人的行走方向在同一条直线上，那么人之所以会获得动能当然就是因为摩擦力对人做功了。

然而，这是一个显而易见的错误。我们知道，做功要求有力有位移，但是人的脚底得到摩擦力的时候，力的作用面却并没有位移，人抬起脚来向前移动的时候没有了摩擦力，因此，人之所以会获得动能并不是摩擦力对人做功。那么是什么力在做功使得人获得动能呢？我们看到肌肉收缩时对身体部位作用了力，同时肌腱处即肌力的作用点发生位移引起腿脚运动，所以应该是人自身的肌肉对人做功。这里对应的功能关系是，人自身的生物能通过肌肉做功转化成为人的机械能。因此，行进中的人总是在不自觉地根据不同时间的不同需要在自身能力范围内寻求最快的运动和最长久的运动之间的平衡。

拔河比赛是比力气吗？

拔河比赛比的是什么？很多人会说：当然是比哪一队的力气大喽！实际上，这个问题并不那么简单。

根据牛顿第三定律，对于拔河的两个队，甲对乙施加了多大拉力，乙对甲也同时产生一样大小的拉力。可见，双方之间的拉力并不是决定胜负的因素。

对拔河的两队进行受力分析就可以知道，只要所受的拉力小于与地面的最大静摩擦力，就不会被拉动。因此，增大与地面的摩擦力就成了胜负

◆拔河比赛

◆第三届全国体育大会拔河比赛中的拔河比赛中“一边倒”的姿势

的关键。首先，穿上鞋底有凹凸花纹的鞋子，能够增大摩擦系数，使摩擦力增大；还有就是队员的体重越重，对地面的压力越大，摩擦力也会增大。大人和小孩拔河时，大人很容易获胜，关键就是由于大人的体重比小孩大。

另外，在拔河比赛中，胜负在很大程度上还取决于人们的技巧。比如，脚使劲蹬地，在短时间内可以对地面产生超过自己体重的压力。再如，人向后仰，借助对方的拉力来增大对地面的压力等等。其目的都是尽量增大地面对脚底的摩擦力，以夺取比赛的胜利。

自行车上的摩擦力

自行车后轮是通过链条传递的转动力矩产生的滚动，该作用力又叫牵引力，与地面接触点的作用力方向向后（与滚动方向相反），因此，后轮的静摩擦力的方向向前。前轮的滚动属于被动滚动，静摩擦力方向向后。

◆自行车上的摩擦力

在自行车获得一定速度后，如果人不再蹬车，由于车身的惯性，自行车还可向前运动一段距离，此时后轮情况便与前轮相同，地面给两轮的静摩擦力的方向却是向后的，自行车就慢慢地停下来了。

刹车时，自行车前后两轮都处于抱死状态，此时的摩擦力属于滑动摩擦力，方向都是向后的。

轮胎上的花纹

我们看到汽车轮胎上都有各种各样的花纹，这些花纹是为了轮胎好看吗？原因可不仅仅是这么简单！

轮胎设置花纹，就是为了加大车轮与地面间的摩擦力，防止车轮在路面上打滑。

轮胎花纹诞生于1892年前后。开始时，轮胎花纹异常简单，仅是些直线型的楞花。以后，随着车辆载重量和行驶速度的日益提高，以及路面的改进，轮胎花纹才逐渐多样、复杂起来。现在，轮胎花纹的形式很多，人们习惯将它们分为通用、高越野性和联合式花纹三大类。而从它们的几何形状来分大体有：纵向直线、横向直线、斜线、块型和混合式五种。

通用花纹，也叫公路花纹，是使用最早而又普遍的一种。比如公路汽

◆汽车轮胎上的通用花纹

车常用的纵向直线型和锯齿型花纹，它们可以消除噪音，所以也称无声花纹。

高越野性花纹适用于越野车，块大，都带有宽而深的啃泥花纹沟，行驶时不易夹石、藏土和打滑。专供车辆在荒野及松软土地上行驶，它们特别适合用于对地面抓着力要求高的拖拉机、牵引车。

联合式花纹的轮胎，既能在硬性路面和石子沙砾路上行驶，亦可行驶于松散、泥泞和冰雪路面。针对我国地形复杂、公路路面质量差别很大的情况，这种联合式花纹有它特殊的使用价值。

◆高越野性花纹

◆联合式花纹

据说，米其林公司与普里斯通公司在F1赛场上的竞争也一直处于白热化，他们提供的轮胎都是在比赛开始前一天采用专机运到，并且都由数名保镖保护。比赛过程中，如果出现爆胎现象，也会有专人在赛场中捡拾碎片，以防竞争对手得到自己的商业秘密。至于胎面上的花纹更是秘密中的秘密了。

在下大雪的日子里，由于路面很滑，我们要给汽车轮胎装上防滑链，防止汽车雪地打滑。

◆汽车防滑链

下雪天穿上底面已经磨光的球鞋，在结冰的马路上走，很容易摔跤，这是因为鞋底与地面的摩擦力太小，所以举步维艰。解决的办法就是要加大鞋底与地面的摩擦力。所以鞋底总是有花纹的，特别是雨鞋、爬山用的胶鞋等。体操运动员往手上涂镁粉，也是为了增大摩擦力。

◆鞋底上的花纹

◆溜冰鞋上的冰刀

这些都说明摩擦力有时很有用，需要设法增大。但你知道吗？摩擦力有时又有危害，必须设法减小。比如自行车的车轴，我们要给它定时加上润滑油，就是为了减小摩擦力。溜冰鞋底装冰刀，也是为了减小摩擦力。

还有一种现象叫滚动摩擦。车轮装上了滚珠轴承，就变得轻便了。这是因为当物体在地上滚动时，阻力就是滚动摩擦阻力。在一般情况下，滚动摩擦阻力只有滑动摩擦阻力的四十分之一，所以滚动物体比推动着物体滑行要省力得多。

◆滚珠轴承

火车在钢轨上行驶，也是这个原理。最早的火车，是用马拉的木轮车在木材做的轨条上行驶的，滚动阻力还是很大。后来逐渐改进，直到100多年前，蒸汽机车发明后，车轮和轨条都改用钢铁制造，才大大地降低了滚动阻力。

拓展思考

1. 摩擦力有哪几种类型？

2. 摩擦力的大小由哪些因素决定？

3. 想一想，在生活中哪些情况是利用摩擦力的？而在什么情况下是要减小摩擦力的？

柔若无骨，力大无穷——浮力

浸在液体中的物体会受到向上的力的作用。这种浸在水中或空气中，受到水或空气将物体向上托的力叫“浮力”。例如，从井里提一桶水，在未离开水面之前比离开水面之后要轻些，这是因为桶受到水的浮力。不仅是水，例如酒精、煤油或水银等所有的液体，对浸在它里面的物体都有浮力作用。所有液体都一样。当然，浸在气体中的物体也受到浮力的作用。

◆比利时著名建筑设计师文森特·卡勒波特构想的“漂浮之城”

浮力的概念

漂浮于流体表面或浸没于流体之中的物体，受到各方向流体静压力的向上合力叫做浮力，其大小等于被物体排开流体的重量。在液体内，不同深度处的压强不同。物体上、下面浸没在液体中的深度不同，物体下部受到液体向上的压强较大，压力也较大，可以证明，浮力等于物体所受液体向上、向下的压力之差。例如石块的重力大于其同体积水的重量，则下沉到水底。浮木或船体的

◆漂浮的茶叶棒

重量等于其浸入水中部分所排开的水的重量，所以浮于水面。气球的重量比它同体积空气的重力小，即浮力大于重力，所以会上升。

浮力的作用点称为浮心，浮心显然与所排开液体体积的形心重合。

产生浮力的原因

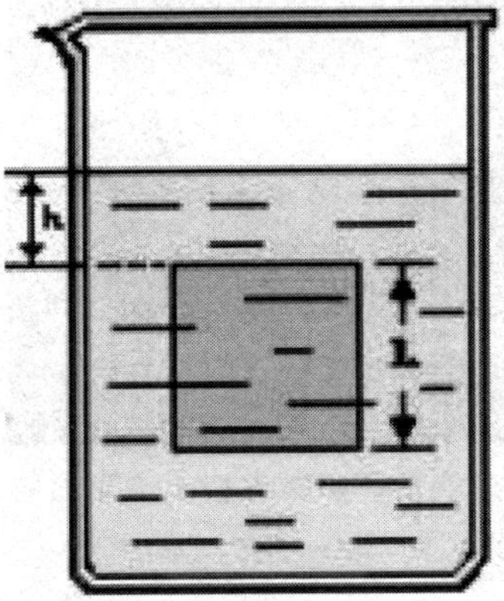

◆液体中的浮体

产生浮力的原因，可用浸没在液体内的正立方体的物体来分析。当该物体全部浸没在液体中时，受到四面八方液体的压力，而且是随深度的增加而增大的。所以这个正立方体的前后、左右、上下六个面都受到液体的压力。作用在左右两个侧面上的力由于两侧面平行，而且面积大小相等，又处于液体中相同的深度，所以两侧面上受到的压力大小相等，方向相反，两力彼此平衡。同理，作用在前后两个侧面上的压力也彼此平衡。但是上下两个面因为在液体中的深度不相同，所以受到的压强也不相等。上面的压强小，下面受到的压强大，下面受到向上的压力大于上面受到的向下的压力。液体对物体这个压力差，就是液体对物体的浮力。这个力等于被物体所排开的液体的重量。

当一个浮体的顶部界面接触不到液体时，则只有作用在底部界面向上的压力才会产生浮力。至于一个位于容器底面并和容器底面密切接触的物体，那它就只能受到向下作用于物体表面的液体压力，所以这个物体不受浮力作用。换句话说：物体与容器底部密切接触，则物体无法对水产生一个竖直向下的弹力，此时不存在浮力的反作用力，因此浮力就不存在。当然实际生活中这种现象并不多，因为只要其间有一层很薄的液膜，就能传递压强，底面就有向上的压力，物体上下表面有了压力差，物体就会受到浮力。

神奇的力

阿基米德原理

公元前 245 年，阿基米德发现了浮力原理，也被称为阿基米德原理：浸在液体里的物体受到向上的浮力，浮力大小等于物体排开液体所受的重力。

浮力的定义式为：$F_{浮}=F_{向上}-F_{向下}$。

计算公式可以写为：$F_{浮}=G_{液排}=\rho_{液}gV_{排}$，其中 $V_{排}$ 表示物体排开液体的体积。

如果物体漂浮在液体表面，此时受到浮力就等于物体下方受到竖直向上的压力。依据：$P=\rho_{液}gh$，下方受到的压力为：$F=PS=\rho_{液}ghS=\rho_{液}gV_{排}$，其中 h 为浸入液体部分的深度。则阿基米德原理公式：$F_{浮}=G_{液排}=\rho_{液}gV_{排}$。

◆潜水艇受到浮力

轶闻趣事——浮力原理的发现

关于浮力原理，有这样一个传说。

◆雕塑：阿基米德发现浮力

相传叙拉古的赫农王让工匠替他做了一顶纯金的王冠，做好后，国王疑心工匠在金冠中掺了假，但这顶金冠确与当初交给金匠的纯金一样重，到底工匠有没有捣鬼呢？既想检验真假又不能破坏王冠，这个问题不仅难倒了国王，也使诸大臣们面面相觑。

后来，国王请阿基米德来检验。最初，阿基米德也是冥思苦想而不得要领。一天，他去澡堂洗澡，当他坐进澡盆里时，看到水往外溢，同时感到身体被轻轻托起。他突然悟到可以用测定固体在水中排水量的办法，来确定金冠的比重。他兴奋地跳出澡盆，连衣服都顾不得穿就跑了出去，大声喊着“尤里卡！尤里卡！”。(Eureka，意思是“我知道了”)。他经过了进一步的实验以后来到王宫，他把王冠和同等重量的纯金放在盛满水的两个盆里，比较两盆溢出来的水，发现放王冠的盆里溢出来的水比另一盆多。这就说明王冠的体积比相同重量的纯金的体积大，所以证明王冠里掺进了其他金属。

这次试验的意义远远大过查出金匠欺骗国王，阿基米德从中发现了浮力定律：物体在液体中所获得的浮力，等于它所排出液体的重量。一直到现代，人们还在利用这个原理计算物体比重和测定船舶载重量等。

名人介绍——阿基米德

阿基米德是古希腊伟大的数学家、力学家。

公元前 287 年，阿基米德出生于西西里岛（Sicilia）的叙拉古（Syracuse）(今意大利锡拉库萨)。他出生于贵族，与叙拉古的赫农王有亲戚关系，家庭十分富有。阿基米德的父亲是天文学家兼数学家，学识渊博，为人谦逊。阿基米德十一岁时，借助与王室的关系，被送到古希腊文化中心亚历山大里亚城，跟随欧几里得的学生埃拉托塞和卡农学习，他以后和亚历山大的学者保持紧密联系，因此他算是亚历山大学派的成员。亚历山大里亚是当时文化贸易的中心之一。这里有

雄伟的博物馆、图书馆，而且人才荟萃，被世人誉为“智慧之都”。阿基米德在这里学习和生活了许多年，曾跟很多学者密切交往。

他在学习期间对数学、力学和天文学有浓厚的兴趣。他在学习天文学时，发明了用水力推动的星球仪，并用它模拟太阳、行星和月亮的运行及表演日食和月食现象。为解决用尼罗河水灌溉土地的难题，他发明了圆筒状的螺旋扬水器，后人称它为“阿基米德螺旋”。他确立了杠杆定律，并称“给我一个支点，我就能撬起地球”；发现了流体静力学的基本原理——阿基米德原理，并用来鉴别皇冠的真假；曾设计了许多战争机械，对抗敌人的进攻……公元前240年，阿基米德回到叙拉古，当了赫农王的顾问，帮助国王解决生产实践、军事技术和日常生活中的各种科学技术问题。

◆阿基米德

公元前212年，古罗马军队攻陷叙拉古，正在聚精会神研究几何问题的阿基米德，不幸被蛮横的罗马士兵杀死，终年七十五岁。阿基米德的遗体葬在西西里岛，墓碑上刻着一个圆柱内切球的图形，以纪念他在几何学上的卓越贡献，并享有“数学之神”的称号。

阿基米德流传于世的数学著作有10余种，多为希腊文手稿。他的著作集中探讨了求积问题，主要是曲边图形的面积和曲面立方体的体积。其体例深受欧几里德《几何原本》的影响，先是设立若干定义和假设，再依次证明。作为数学家，他写出了《论球和圆柱》、《圆的度量》、《抛物线求积》、《论螺线》、《论锥体和球体》、《沙的计算》等数学著作；作为力学家，他著有《论图形的平衡》、《论浮体》、《论杠杆》、《原理》等力学著作。后人对阿基米德给予很高的评价，常把他和牛顿、高斯并称为有史以来贡献最大的数学家。

浮力定律

压力差和阿基米德定律在解释浮力产生的原因和大小时，都必须要有物体浸在液体里。液体没有任何外来物体浸入时，它还会不会有浮力？如果有，我们又应该怎样去解释产生浮力的原因和大小呢？

其实，浮力是液体的一种属性，是由液体自身的特点形成的，它不会

◆深海潜水要穿潜水服

因外来物体的浸入而增大或减小、存在或消亡。物体在液体中的沉浮是物体在浮力作用下反映出的一种自然现象。而我们该如何透过这些现象，去探寻浮力的本质呢？

液体压强与深度有关。人潜入水里，会感到发闷，是因为受到了水的压强。而水的压强又与深度成正比，所以人要潜入到更深的水里，必需穿潜水服，而要到达深海则需要乘坐特制的潜水艇。

液体浮力与压强（深度）有关。我们常常说的船只搁浅是怎么回事呢？为什么枯水季节有些河道不能通航？浅水港为何不能停靠万吨轮船？其实，所有问题都在告诉我们一个事实，物体受到浮力的大小与液体的深度有关。

当船运载货物时，它的载重量越大，吃水就越深；载重量越小，吃水就越浅。而载重量大需要的浮力也大，载重量小，需要的浮力也小。由此看来，浮力的大小与船只在水中的深度成正比，又因为水的压强也与它的深度成正比，所以，我们仔细研究会发现，船只产生的最大压强与一定深度的水压是相关的，载重量大的船吃水深就是因为它压强大的缘故。

◆搁浅的巴哈马轮船

物体所受浮力与液体的密度有关。水和植物油都属于液体，但它们产生的浮力是否相同呢？让我们先把植物油掺进水中，看看会发生什么现象。很快，我们会发现植物油全部浮在水面上，并不与水相溶共存，这是什么原因产生的呢？原来，植物油的密度比水的密度小，它们产生的压强各不相同，密度大的水便会下沉，密度小的油便会上升。轮船从淡水河驶入海里，船身会浮起来一些，就是因为海水密度增大，但浮力不变，船排开的海水体积就会比排开的淡水体积小，所以船身会上浮一些。

总结以上规律，得出如下结论：物体所受浮力的大小与液体的压强（深度）成正比，与液体的密度成正比，与它受到的重力大小相等，方向相反。

浮力的应用——独木舟

从漂浮在河流上的树木得到启示，古人把木头挖成空心的独木舟，承载人或货物，这是对浮力的最早利用。

木头漂浮于水面是因为木材的密度小于水的密度。把树木挖成“空心”就成了独木舟，独木舟减小了物体的重力，从而可以多装载货物，以增大可利用的浮力。空心的牙膏皮和卷成团的牙膏皮，它们的重量虽然相同，但是将牙膏皮卷成一团，会沉于水底，而“空心”的牙膏皮可浮在水面上，说明“空心”可调节浮力与重力的关系。采用“空心”增大体积，从而增大浮力，使物体能漂浮在液面上。

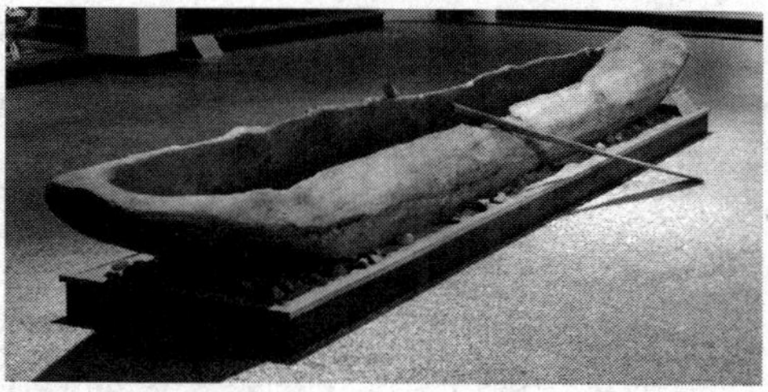

◆泸湖摩梭人独木舟（云南丽江）

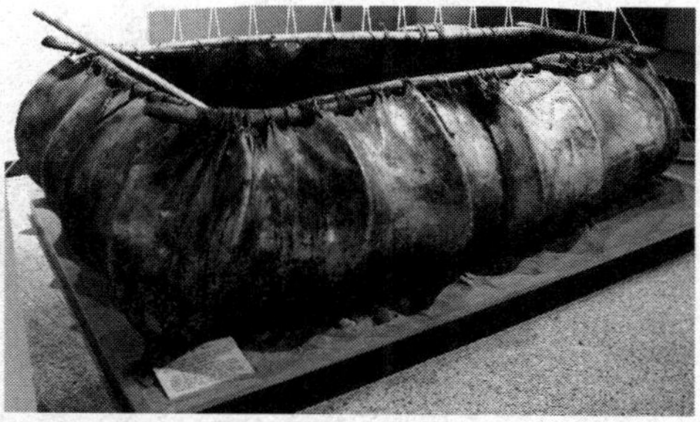

◆雅鲁藏布江藏族牛皮船“果哇”（青藏高原和川西地区）

浮力的应用——轮船

钢铁制造的轮船能漂浮在水面上。这是由于船体做成空心的，使它排开水的体积增大，受到的浮力增大，这时船受到的浮力等于自身的重量，所以能浮在水面上。这种结果的前提条件是外壳一定要密封好，一旦漏水，轮船就会慢慢地沉没下去。

轮船是利用物体漂浮在液面的条件 $F_{浮}=G$ 来保持不沉的，只要船的重量不变，无论船在海里还是河里，它受到的浮力不变。根据阿基米德原理，$F_{浮}=G_{液排}=\rho_{液}gV_{排}$，它在海里和河里浸入水中的体积不同。船的大小是用排水量来表示的，轮船满载时受到的浮力为：$F_{浮}=G_{液排}=m_{排}g$。而轮船是漂浮在液面上的，$F_{浮}=G_{船}+G_{货}=m_{船}g+m_{货}g$，因此有 $m_{排}g=m_{船}g+m_{货}g$。即：排水量（浮力）＝船自身的重量＋满载时货物的重量。

我们一般用吃水线表示轮船没入水中的深度，在船旁用油漆画上很多水平横线，用以表示不同载重时的吃水深度，最高吃水线表示最大的安全载重量。我们载货物时一定不能超过安全载重量，如果吃水线超过最高吃水线，在遇到风浪的时候，水就会漫到甲板上，随后进入船体，如果不能及时发现并且将水排出，船就会沉没。

◆轮船

小博士

排水量

排水量是指船装满货物后排开的水所受的重力，也就是船满载后受到的水的浮力。

动手做一做

小实验

材料：一盆水，一块橡皮泥。

步骤：把橡皮泥捏成一团，放入水中，观察现象；把橡皮泥捏成碗状，碗口向上放入水中，再观察现象。

想一想：为什么捏成碗状的橡皮泥不会沉下去呢？再想一想为什么钢铁做的轮船不会沉下去呢？

浮力的应用——潜水艇

◆潜水艇

浸没在水中的潜水艇排开水的体积，无论下潜多深，始终不变，所以潜水艇在水下所受的浮力始终不变。潜水艇的上浮和下沉是靠压缩空气调节水舱里水的多少来控制自身的重量而实现的。若要下沉，可充水，使自身重量增加；若要上浮，可排水，使自身重量减少。在潜水艇浮出海面的过程中，因为排开水的体积减小，所以浮力逐渐减小，当它在海面上行驶时，受到的浮力大小等于潜水艇的重量。

浮力的应用——气球和飞艇

◆热气球

我们乘坐热气球可以在高空中观赏优美的风景。你有没有想过热气球为什么能带着我们飞起来呢？

气球和飞艇里充的是密度小于空气的气体，热气球里充的是被燃烧器加热、体积膨胀、密度变小了的热空气。根据 $F_{浮}=\rho_{空气}gV_{排}$，$G_{排}=\rho_{空气}gV+G_{壳}$，当 $F_{浮}>G_{球}$ 时，气球或飞艇可升上天空。若要使充氦气或氢气的气球或飞艇降回地面，可以放出球内的一部分气体，使气球体积缩小，浮力减小，使浮力小于 $G_{球}$。对于热气球，只要停止加热，热空气冷却，气球内气体密度逐渐变大，气球体积就会缩小，减小浮力，使浮力小于 $G_{球}$，而降回地面。

浮力的应用——密度计

密度计是利用物体浮在液面的条件来工作的，用密度计测量液体的密度时，它受到的浮力总等于它的重力，由于密度计制作好后它的重力就确定了，所以它在不同液体中漂浮时所受到的浮力都相同，根据阿基米德原理可知：待测液体的密度越大，密度计浸入液体中的体积则越小，露出部分的体积就越大；反之待测液体密度越小，密度计浸入液体中的体积则越大，露出部分的体积就越小，所以密度计上的刻度值是“上小下大”。

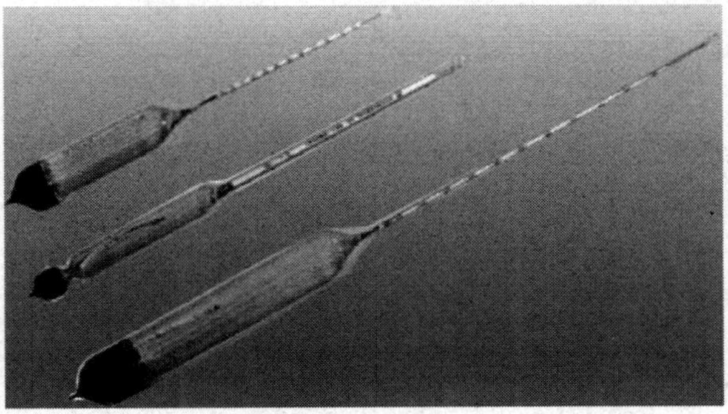

◆密度计

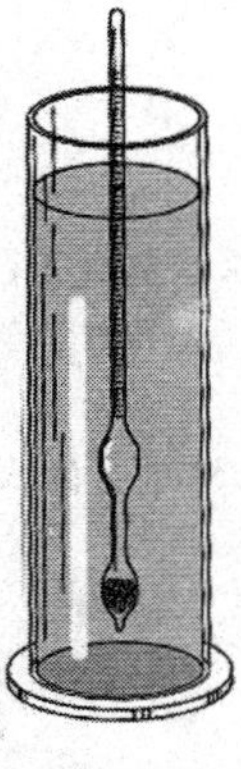

◆用密度计测量液体密度

浮力的应用——孔明灯

孔明灯又叫天灯，相传是由三国时的诸葛孔明所发明。现代人放孔明灯多作为祈福之用。男女老少亲手写下祝福的心愿，象征丰收成功，幸福年年。

孔明灯的结构可分为主体与支架两部分，主体大多以竹篾编成，外用棉纸或纸糊成灯罩，底部的支架则以竹削成的篾组成。孔明灯可大可小，

◆孔明灯

◆招财进宝孔明灯表达了人们美好的祝愿

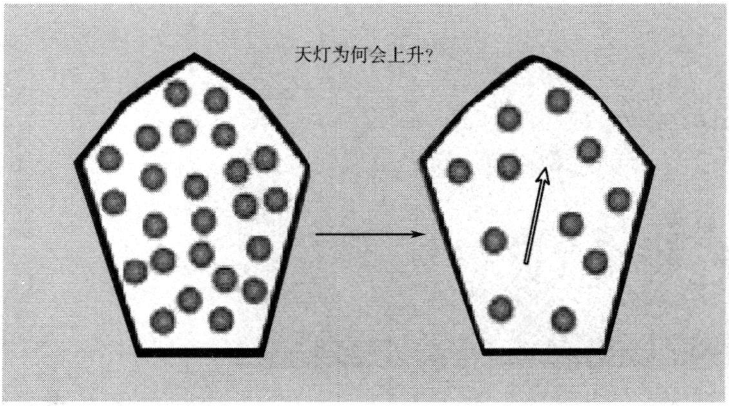

◆孔明灯升空原理

可圆形也可长方形。一般的孔明灯是用竹片架成圆桶形，外面以薄白纸密密包围而开口朝下。

欲点灯升空时，在底部的支架中间绑上一块沾有煤油或花生油的粗布或金纸，放飞前将油点燃，灯内的火燃烧一阵后产生热空气，孔明灯便膨胀，放手后整个灯会冉冉飞起升空，如果天气不错，底部的煤油烧完后孔明灯会自动下降。

孔明灯的飞行原理就是利用空气受热密度变小，从而使孔明灯获得浮力得以上升，可以用阿基米德原理来解释：当两个物体体积相同时，质量较小的那一方就会浮在质量较大的那一方上，再简单一点，就是密度较小的物体会浮在密度较大的物体上。

当天灯里的空气受热时，由于“热胀冷缩”，体积就会膨胀，但却只有一定限度的空间（天灯的容积），因此，多余的空气分子便会跑出天灯外（见本页“孔明灯升空原理”图示），质量便减少，密度＝质量/体积，体积不变，质量减小，天灯里的空气密度变小，空气对它的浮力把它托了起来，天灯也就因此飞上天了！

孔明灯是中国传统文化的一种象征。人们在过节时举行仪式，放孔明灯祈福，甚至作为广告宣传。不过孔明灯可能会引起山火、引发飞机失事、交通意外等，所以放飞孔明灯时一定要注意安全。

轶闻趣事——孔明灯的来历

孔明灯相传是由三国时的诸葛孔明所发明。诸葛亮（181—234 年），字孔明，号卧龙，三国时期杰出的政治家、战略家、发明家、军事家。

当年，诸葛孔明被司马懿围困于平阳，无法派兵出城求救。孔明算准风向，制成会飘浮的纸灯笼，系上求救的讯息，其后果然脱险，于是后世就称这种灯笼为孔明灯。另一种说法则是这种灯笼的外形像诸葛孔明戴的帽子，因而得名。

◆诸葛亮（181—234 年）

死海的秘密

死海位于约旦—死海地沟的最低部，是东非裂谷的北部延续部分。这是一块夹在两个平行的地质断层崖之间的下沉的地壳。从该湖看沿摩押高原边缘的东部断层崖比代表坡度较小的犹太隆皱特征的西部断层崖更为清晰。

死海是一个内陆盐湖，位于巴勒斯坦和约旦之间的约旦谷地。西岸为犹太山地，东岸为外约旦高原。约旦河从北注入。约旦河每年向死海注入 5.4 亿立方米水，另外还有 4 条不大但常年有水的河流从东面注入，由于夏季蒸发量大，冬季又有水注入，所以死海水位具有季节性变化，有落差 30 至 60 厘米不等。

死海水含盐量极高，且越到湖底越高，是普通海洋含盐量的 10 倍。最深处有湖水已经化石化，即很咸很浓，长期沉在湖底；上层水是圣经时代

◆死海的地理位置

后几世纪时的古代水。一般海水含盐量为35‰，而死海的含盐量在230‰至250‰左右。表层水中的盐分每升达227至275克，深层水中达每升327克。所以说，死海是一个大盐库，水中含有丰富的硫酸盐、碳酸氢盐、硫化氢和高浓度的锰、镁、钾、氯和溴。据估计，死海的总含盐量约有130亿吨。由于盐水浓度高，游泳者极易浮起。湖中除细菌外没有其他动植物。涨潮时从约旦河或其他小河中游来的鱼立即死亡。岸边植物也主要是适应盐碱地的盐生植物。但近年来科学家们发现，死海湖底的沉积物中仍有绿藻和细菌存在。死海是很大的盐储藏地。死海湖岸荒芜，固定居民点很少，偶见小片耕地和疗养地等。

◆死海

湖水呈深蓝色，非常平静、富含盐类的水使人不会下沉。把一只手臂放入水中，另一只手臂或腿便会浮起。如果要将自己浸入水中，则应将背逐渐倾斜，直到处于平躺状态。

死海是很大的盐储藏地。盐主要蕴藏在西南岸上的塞多姆山中。自古代起，这里的盐已有少量开采。1929年在约旦河口的卡利亚开办了一所钾碱厂。以后在塞多姆建立了辅助设施。在1948—1949年的阿以战争中，卡利亚的工厂被摧毁。死海工厂有限公司1955年在塞多姆兴建一所工厂，生产钾碱、镁和氯化钙。另一家工厂生产溴和其他化学产品。

拓展思考

1. 浮力是怎么产生的？浮力原理是由谁发现的？

2. 浮力的计算公式是怎样的？

3. 生活中有哪些应用浮力的例子？

4. 想一想鱼是怎样在水里上升和下沉的？这可不仅仅是靠鱼鳔这么简单，利用互联网找资料来看看吧！

轻功“水上漂”——表面张力

◆吹泡泡

“吹泡泡，吹泡泡，吹成一个大泡泡，吹泡泡，吹泡泡，吹成一个小泡泡；咦，泡泡不见了！”五彩的泡泡飘上了天空，感觉就像自己也跟着这些泡泡一起飞舞。那么这些美丽的泡泡为什么是圆的呢？泡泡为什么不会立刻破掉呢？为什么布制的雨伞不会漏水呢？为什么小昆虫能威风凛凛地站在水面上呢？原来这都是表面张力的功劳啊！

为什么树叶上的水珠是球形的

◆叶片上的水珠

在日常生活中，我们常常会看到这样一些现象：比如，下过雨后，我们可以见到树叶、草上的小水珠都接近于球形；不小心打碎了体温计后，里面的水银掉到地上，小水银滴也呈球形。另外我们也可以表演一个小魔术，在一杯水里，小心地把一枚回形针水平放置在

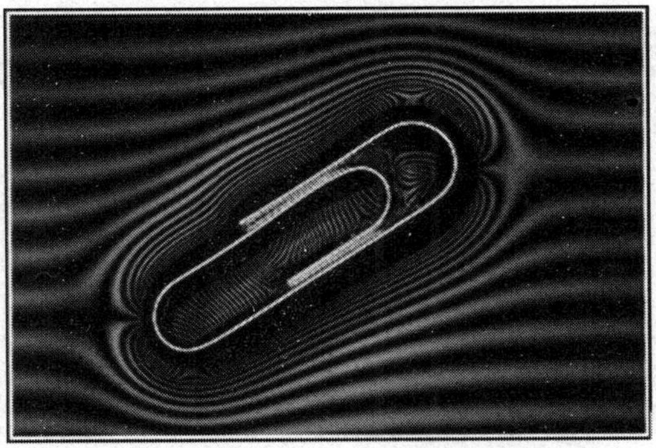

◆爱因斯坦年奖摄影作品“表面张力”
作者：罗伯特·安德森(Robert Anderson)

水面上，回形针浮在水面上而不沉于杯底，并且在回形针下面的水面上形成一个凹面。如果做得相当熟练，你甚至可以用纽扣、小巧的平面形金属或硬币来代替回形针。所有这些现象都与表面张力有关。

那么，什么是表面张力呢？原来液体与气体相接触时，会形成一个表面层，在这个表面层内存在着的相互吸引力就是表面张力，它能使液面自动收缩。请大家做一下下面这个小实验。

动手做一做

把一个棉线圈系在金属丝做的环上，然后蘸上肥皂膜，这时膜上的棉线圈也是松弛的（图甲）。用热针刺破棉线圈里的肥皂膜，观察棉线圈外的薄膜和棉线圈有什么变化。

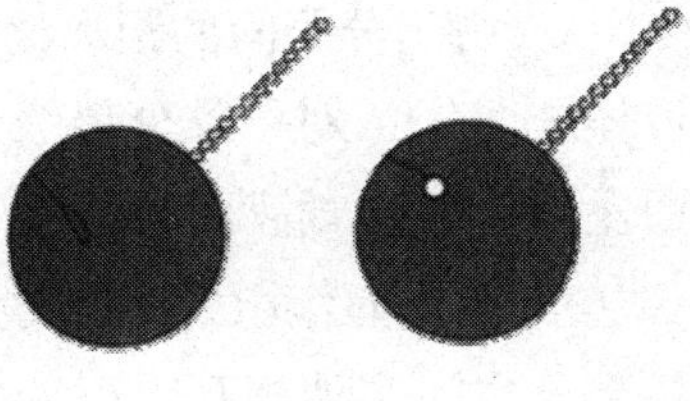

甲　　乙

用热针刺破棉线圈里的肥皂膜后，棉线圈外的薄膜就会收缩，棉线圈张紧，变成圆形（图乙）。

表面张力

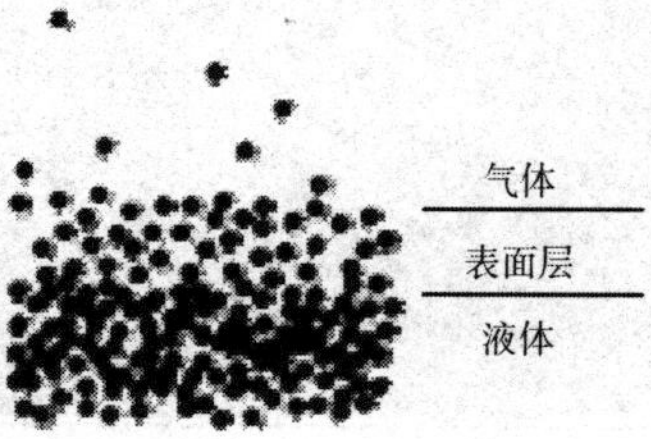

◆液体表面附近分子分布的大概情况

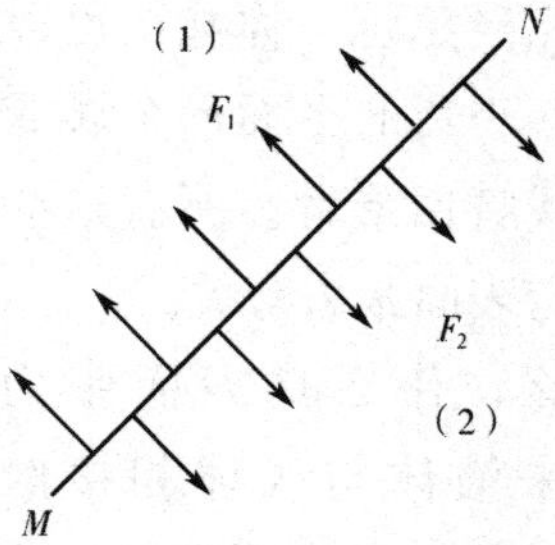

◆液体的表面张力

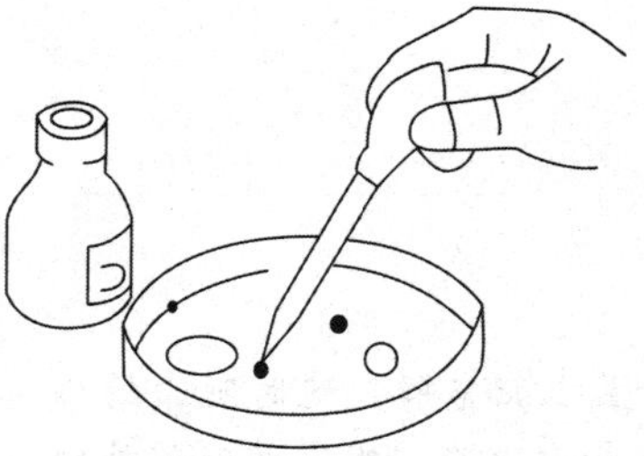

◆玻璃板上较大的水银滴是扁的，而较小的水银滴是球形的

上面的实验表明，液体的表面就像绷紧的橡皮膜一样，具有收缩的趋势。

液体的表面为什么具有收缩的趋势呢？原来，表面张力是由液体分子间很大的内聚力引起的。液面由于跟气体接触，表面层里分子的分布要比液体内部稀疏些，也就是分子间的距离比液体内部大些。在表面层中，由于分子间的距离比较大，分子间的作用力就表现为引力。如果在液体表面任意划一条分界线 MN，把液体表面分为左右两部分，那么，液面左侧的分子对液面右侧分子的作用力的合力为引力 F_1，液面右侧的分子对左侧分子的作用力的合力为引力 F_2，F_1 和 F_2 大小相等方向相反。液面各部分之间这种相互吸引的力叫做表面张力。在表面张力作用下，液体表面有收缩到最小的趋势。

在体积相等的各种形状的物体中，球形物体的表面积最小，所以荷叶上的小水滴、草叶上的露珠在表面张力的作用下呈球形。在水平的玻璃板上，较大的水银滴的形状是扁平的，这是由于水银液滴受到重力的影响；对于小的水银液滴，重力的影响比表面张力的作用小得多，水银滴仍呈球形。

表面张力的性质

表面张力是一个表面或表面内的力，即使在力平衡的状态下表面张力也存在，但表现不出来。表面张力的方向与液面相切，并与液面的任何两部分分界线垂直。表面张力仅仅与液体的性质和温度有关。一般情况下，温度越高，表面张力就越小。

表面张力受溶质的影响。纯水的表面张力是一定的，但是溶液的表面张力则受到其他组分的影响，表面活性剂能极大地降低表面张力。比如洁净的水有很大的表面张力，而沾有肥皂液的水的表面张力就比较小，也就是说，洁净水表面具有更大的收缩趋势。

不光液体与气体之间的表面层，液体与固体器壁之间也存在着“表面层”，这一液体薄层通常叫做附着层，它也一样存在着表面张力。这一表面张力决定了液体和固体接触时，会出现两种现象：不浸润现象和浸润现象。

万花筒

不浸润现象和浸润现象

在洁净的玻璃板上的一滴水银，能够在玻璃板上滚来滚去，而不附着在上面。把一块洁净的玻璃片放入水银里再取出来，玻璃上也不附着水银。这种现象叫做不浸润现象。对玻璃来说，水银是不浸润液体。

放在洁净的玻璃板上的一滴水，会附着在玻璃板上形成薄层。把一块洁净的玻璃片进放入水里再取出来，玻璃表面会沾上一层水。这种现象叫做浸润现象。对玻璃来说，水是浸润液体。

轻功“水上漂”

如果你见到一只蜥蜴非常从容地从水面上跑过，你一定会大吃一惊：我不是在做梦吧？这个东西怎么能在水上跑而不会沉下去？

蛇怪蜥蜴是蜥蜴中的大明星，就是因为它有一种“特异功能”，可以

◆蛇怪蜥蜴“凌波微步”傲视江湖

◆少林绝技“水上漂”

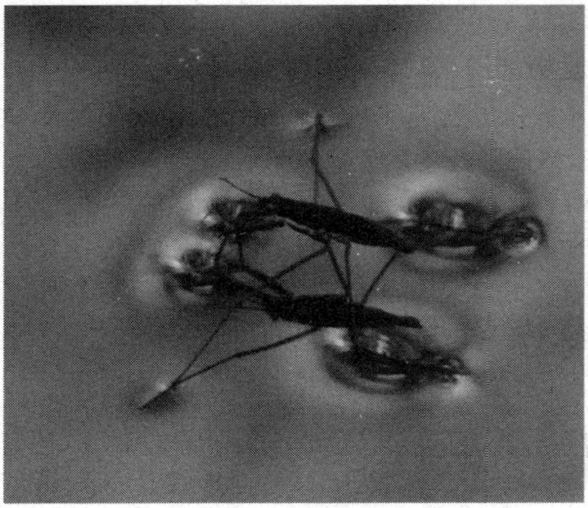

◆小昆虫的“轻功”

在水面上疾步如飞——无论是平静的湖面，还是流动的小溪，这个小东西都能如履平地。

蛇怪蜥蜴只能让人自叹弗如。练就这类绝世“轻功”的人，大概只能在中国的武侠小说、武侠剧中见到。

科学家解释说，一些蜘蛛和昆虫可以在水面行走，主要是因为它们体重很轻，不足以大过液面表面张力。

但是，这种蜥蜴与之不同，它们体重比较大，有长长的身子和大大的脚，在它们脚掌底部有类似于叶子一样的悬垂物，在陆地上行走时，这些悬垂物就收起来，可是，一旦遇到危险，跑进水里的时候，这些悬垂物就张开，使脚掌与水面的接触面积大增。

但仅凭这一点，蛇怪蜥蜴仍然不可能在水面上跑的，它们肯定使用了独特的水上行走技术。

蛇怪蜥蜴小的不到 2 克重，大的体重超过 200 克，但无论大小，它们都具有只用后肢在水上飞跑的能力，速度可以达到每秒钟 1.5 米，能在水面连续跑 4.5 米左右，然后前肢沉入水中，变成游泳姿势。大多数动物如果跑进水里的话，前肢会立即沉到水里，这是因为和在陆地不一样，在水中基本上没有什么支撑，也没有多大阻力。

◆蛇怪蜥蜴

通过拍照实验，科学家发现，当蛇怪蜥蜴拍击水面时，脚主要是垂直运动；扑打时，脚主要向后运动；而在还原过程中，脚抬起，离开水面，回到下一步的开始动作。在这些过程中，蜥蜴需要产生足够的力，才能保证它跑在水面上，同时身体直立。

◆鸟的脚上压强很大

蛇怪蜥蜴的脚向下拍击水面，迫使水下沉或从脚下流走，同时在脚的周围形成一个气袋，这个动作产生了一个支撑力，这个支撑力足以使蜥蜴的脚掌向后扑打时将蜥蜴的身体支撑在水面上。而腿向后扑打又产生了使它前进的力。这种蜥蜴有高超的水面行走技术，能产生一种类似于斜面支撑力的强大力量使它保持在水面上。

就像人们在柔软的平面，比如在沙地上跑步时一样，身体有向前倾倒的趋势，蜥蜴也有这样的前倾趋势，必须另有某种机制能让它保持平衡。这就是中部向两侧的支撑力发挥作用的所在，这种力几乎和向正上方的力一样大，这些力共同作用使它得以具有水上飞的绝技。

这项研究的独特之处在于，从前所知道的有腿的动物行走的原理，都是对固体表面行走方式的研究。那些用两条腿在地面行走的动物，比如鸟和人，向两个侧面的支持力很小，而这种蜥蜴非常特别，居然能在水面保持平衡，流畅地在水面运动而不会翻倒。科学家表示：“蜥蜴在水上疾跑有点像我们骑自行车，如果你不蹬踏板，自行车就会慢慢地停下来，你就会翻倒在地。如果蜥蜴不在水面上快跑的话，它也会翻倒的。所以，它们需要的就是在跑动过程中保持身体稳定的力。”

雨衣的奥秘

下雨天，外出的人们不是打伞，就是穿雨衣。

雨衣为什么不透水呢？奥妙就在制作材料上。就拿布制雨衣来说吧，它是用防雨布（经过防水剂处理的普通棉布）制成的。防水剂是一种含有铝盐的石蜡乳化浆。石蜡乳化以后，变成细小的粒子，均匀地分布在棉布的纤维上。石蜡和水是合不来的，水碰见石蜡，就形成椭球形水珠，在石蜡上面滚来滚去。可见，是石蜡起了防雨的作用。物理学上把这种不透水的现象，叫做“不浸润现象”。而水一旦遇到普通棉布，就通过纤维间的毛细管渗透进去，这就叫做“浸润现象”。

物体是由分子组成的。同一种物质的分子之间的相互作用力，叫做内聚力；而不同物质的分子之间的相互作用力，叫做附着力。在内聚力小于附着力的情况下，就会产生“浸润现象”；反之，则会出现“不浸润现象”。雨衣不透水，正是由于水的内聚力大于水对雨衣的附着力的缘故。

◆雨衣上的学问

物理学还告诉我们：水的内聚力作用在水表面形成表面张力。水的表面张力使水面形成一层弹性薄膜，当水和其他物体接触时，只要水对它不浸润，那么这层弹性膜就是完好的、可以把水紧紧地包裹着。有人试验过：巧妙地把水倒进浸过蜡的金属筛里，水并没有从筛眼里漏下去。

常见的玻璃，看起来光滑晶亮。可是，水遇上它，却紧紧地缠住不放，带来了种种麻烦：下雨的时候，车前窗玻璃上的雨水挡住了司机的视线，很不安全，于是只好开动刮水器，把雨水排去；戴眼镜的人，在喝热水的时候，镜片立即蒙上一层雾汽，挡住了视线，什么东西也看不见了。

人们知道了水的表面张力的特性，了解了水的内聚力与附着力的关系以后，不仅巧妙地制成了雨衣，而且还造出了新颖的“憎水”玻璃——在普通玻璃上涂一层硅有机化合物药膜，它大大削弱了雾汽对玻璃的附着力。用这种憎水玻璃做镜片，为戴眼镜的人解除了蒙雾的苦恼；把这种玻璃安在车的前窗上，刮水器也就用不着了。现在你该能说出篷布、布伞不漏雨的道理了吧！

◆布伞为何不漏雨

伟大的泡泡

Samsam 研究 20 年终于合成了神奇泡泡秘方，这个秘方让他成为地球上最会吹泡泡的人。他的泡泡巨大而绚烂，想怎么吹就怎么吹，甚至空手套泡泡也是小菜一碟。但是作为泡泡专家，他对空气的细微流动非常敏感，任何的疏忽都会导致泡泡爆裂。不同的是，他的泡泡即便破裂，也只是带给我们快乐而已。

2007 年，他把 50 个人装在了他的巨大泡泡里面，一年以后，他在一个大泡泡里面套放了 66 个小泡泡。

今天他成立了伟大的泡泡公司，手下有 10 多名强悍的泡泡专家，他们踏足全球，带给人们美丽而巨大的泡泡。杜拜的王室对他情有独钟，各国

◆Samsam 的泡泡

◆Samsam 的泡泡飘起来

的明星常常邀请他在私人派对上助兴，他的泡泡套装远销全球。

他证明了：泡泡没有最大，只有更大。有着良好的技术和手段，肥皂泡终究是不会破的。

普通肥皂泡的表面张力正常，所以都呈圆形。为了吹出这样大的泡泡，需要加入表面活性剂使表面张力显著下降，如甘油，这样才能吹大，也正因此，表面张力变小的泡泡无法维持圆形。

◆大泡泡套小泡泡

拓展思考

1. 把一根缝衣针在头发上擦一擦，然后小心地平放在水面上，针可以把水面压弯而不沉没。试试看，并解释这个现象。

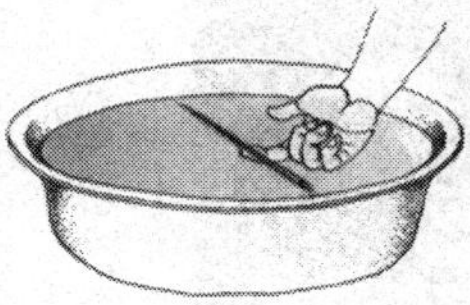

2. 把玻璃管的断裂口放在火焰上烧熔，它的尖端就变圆，这是什么缘故？

3. 布制雨伞虽然纱线间有看得出来的孔隙，却仍然不漏雨水，解释这个现象。

4. 想一想生活中还有哪些利用表面张力的例子？

无形的手——大气压力

◆神舟七号舱外航天服可为航天员出舱活动提供适当的大气压力

我们的地球被一层厚度约为1000千米的大气层包围着。如果把地球设想成一只苹果大小，那么苹果皮就相当于大气层。同海水和一切其他物体一样，大气也受到地球的引力作用，因此这层大气不会逃逸到宇宙中去。如果把空气比作海洋，我们就生活在这层海洋的底部。我们周围每立方米空气的质量约为1千克，由于大气也受到重力作用，大气会对处于其中的物体产生压力，我们称其为大气压力。

大气压力

◆飞船返回地球大气层

地球表面覆盖有一层厚厚的由空气组成的大气层。在大气层中的物体，都要受到空气分子撞击产生的压力，这个压力称为大气压力。也可以认为，大气压力是大气层中的物体受大气层自身重力产生的作用于物体上的压力。

由于地心引力作用，距地球表面近的地方，地球吸引力大，空气分子的密集程度高，撞击到物体表面的频率高，由此产生的大气压力就大。距地球表面远的地方，地球吸引力小，空气分子的密集程度低，撞击到物体表面的频率也低，由此产生的大气压力就小。因此在地球上不同高度的大气压力是不同的，位置越高大气压力越小。此外，空气的温度和湿度对大气压力也有影响。

大气压强

地球周围包着一层厚厚的空气，它主要是由氮气、氧气、二氧化碳、水蒸气和氦、氖、氩等气体混合组成的，通常把这层空气的整体称之为“大气”。它上疏下密地分布在地球的周围，总厚度达 1000 千米，所有浸在大气里的物体都要受到大气作用于它的压强，就像浸在水中的物体都要受到水的压强一样。

大气对浸在它里面的物体产生的压强叫大气压强，简称大气压或气压。地面上标准大气压约等于 760 毫米高水银柱产生的压强，即 1.01325×10^5 帕斯卡。由于测量地区等条件的影响，所测数值有所不同。

◆马德堡半球实验

1654 年格里克在德国马德堡做了著名的马德堡半球实验，有力地证明了大气压强的存在，这让人们对大气压有了深刻的认识，但大气压到底有多大人们还不清楚。在 1643 年，意大利科学家托里拆利在一根 1 米长的细玻璃管中注满水银倒置在盛有水银的水槽中，发现玻璃管中的水银大约下降了 24 厘米后就不再下降了。这 24 厘米的空间无空气进入，是真空。托里拆利据此推断大气的压强就等于水银柱的长度，这就是著名的托里拆利实验。

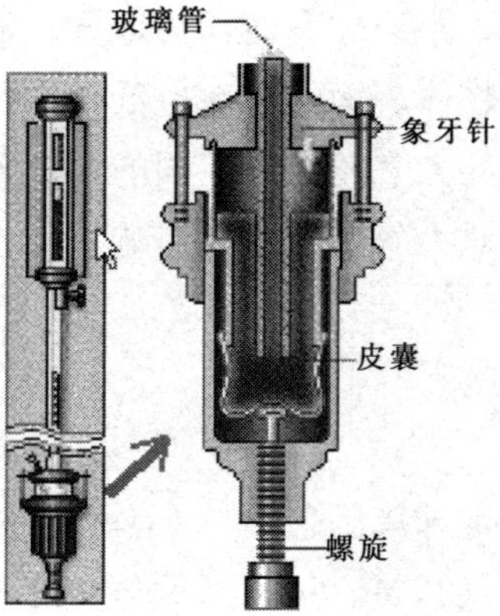

◆托里拆利发明的气压计　　金属气压计　　水银气压计

大气压强产生的原因

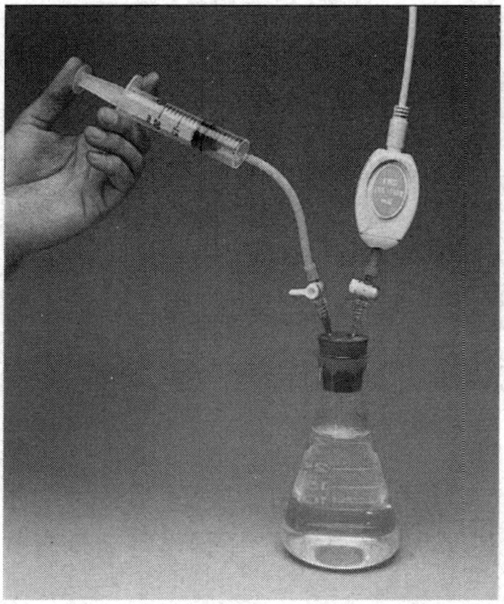

◆气压传感器是一种测量气体绝对压强的传感器

大气压产生的原因可以从不同的角度来解释。

第一，重力作用解释。地球表面的空气受重力的作用，空气又有流动性，因此向各个方向都有压强。讲得细致一些，由于地球对空气的吸引作用，空气压在地面上，就要靠地面或地面上的其他物体来支持它，这些支持着大气的物体和地面，就要受到大气压力的作用。单位面积上受到的大气压力，就是大气压强。

第二，分子运动的观点解释。因为气体是由大量作无规则运动的分子组成的，而这些分子必然要对浸在空气中的物体不断地发生碰撞。每次碰撞，空气分子都要给予物体表面一个冲击力，大量空气分子持续碰撞的结果就体现为大气对物体表面的压力，从而形成大气压。若单位体积中含有的分子数越多，则相同时间内空气分子对物体表面单位面积上碰撞的次数越多，因而产生的压强也就越大。

大气压强与海拔高度

地球上面的空气层密度不是相等的，靠近地表层的空气密度较大，高层的空气稀薄，密度较小。大气压强既然是由空气重力产生的，高度高的地方，它上面空气层的厚度小，密度也小，所以距离地面越高，大气压强越小。

在海拔 3000 米之内，每上升 10 米大气压强约减小 100 帕斯卡，在海拔 2000 米之内，每上升 12 米大气压强约减小 1 毫米汞柱。

人体在大气内毫不感觉受到气压的压迫，这是因为人体的内外部同时受到气压的作用且恰好相等的缘故。

◆珠穆朗玛峰峰顶海拔高度为 8844.43 米，峰顶气压为 0.3×10^5 Pa

沸点与大气压的关系

◆高压锅

实验表明，一切液体的沸点，都是随气压减小而降低，随气压增大而升高，同种液体的沸点不是固定不变的。这是由于当液体沸腾时，在其内部所形成的气泡中的饱和蒸汽压必须与外界施予的压强相等，气泡才有可能长大并上升，所以，沸点也就是液体的饱和蒸汽压等于外界压强的温度，而饱和汽压又随温度变化而升降。例如说水的沸点是100℃时，我们必须强调是在标准大气压下。

由于气压随高度增加而减小，所以水的沸点也随之降低，例如：海拔1000米处水沸点约97℃，3000米处约91℃，在海拔8844.43米的珠穆朗玛峰顶，水在72℃就可以沸腾。因而在高山上烧饭要用不漏气的高压锅，锅内气压可以高于标准大气压，使水沸点高于100℃，不但饭熟得快，还可以节省燃料。

你知道吗？

沸点

液体发生沸腾时的温度叫做沸点。

我们生活在大气压力下

大气压强的存在使地球表面物体受到的大气压强很大。

伸出手掌，你能相信你的手掌大约会受到1000牛的大气压力吗？但你的手掌怎么能支撑得住如此大向下的大气压力呢？这是因为空气“海洋”

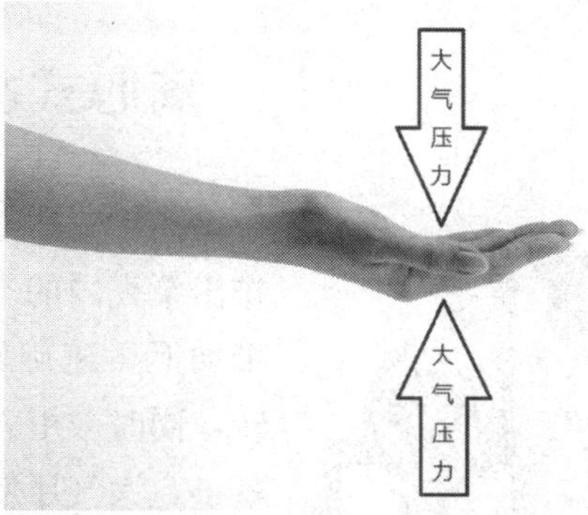

◆你的手掌会受到约1000牛的大气压力

内的压强和液体内部的压强一样，也是指向各个方向的，并且在同一深度处大小相等。所以，你的手背也受到一个方向向上、大小相等的大气压力。作用在你手上的向下和向上的大气压力相平衡。然而，你的身体怎么没有被四面八方巨大的大气压力压瘪呢？就像海底的鱼儿不会被海水的巨大压强压扁一样，这是因为你体内也存在着压强，这种体内压强正好与大气压强相平衡。

活塞式抽水机

活塞式抽水机是利用活塞的移动来抽水，利用内外压差使水在气压作用下上升。当活塞压下时，进水阀门B关闭而阀门A打开；当活塞提上时，阀门A关闭，进水阀门B打开。在外界大气压的作用下，水从进水管通过进水阀门B从上方的出水口流出。活塞在圆筒中这样上下往复运动，不断地把水抽出来。

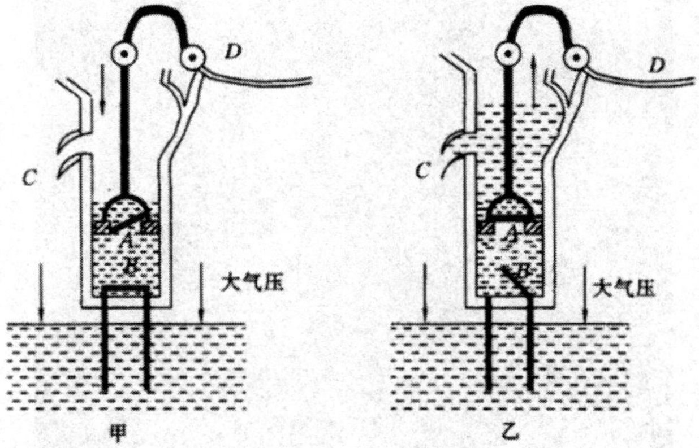

◆活塞式抽水机原理

离心式水泵

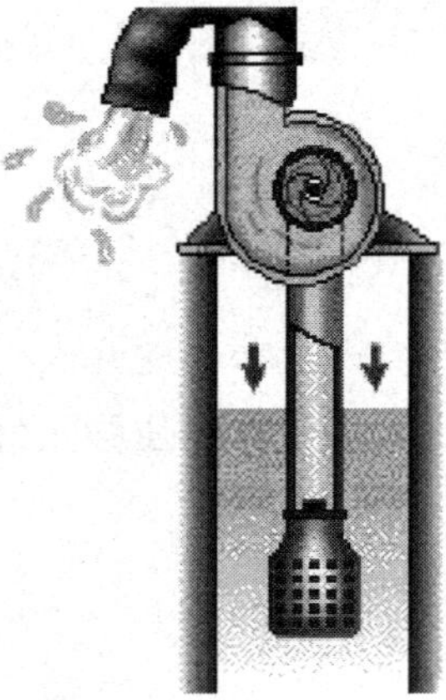
◆离心式水泵

离心式水泵在起动前，先往泵壳内灌满水，排出泵壳内的空气。当起动后，叶轮在电动机的带动下高速旋转，泵壳里的水也随叶轮高速旋转，同时被甩入出水管中。这时叶轮附近的压强减小，大气压使低处的水推开底阀，通过进水管进入泵壳，进来的水又被叶轮甩入出水管，这样一直循环下去，就不断地把水抽到了高处。

活塞式抽水机和离心泵，都是利用大气压，把水抽上来，因为大气压有一定的限度，因而抽水机抽水的高度也有一定的限度，一般不超过10.3米。

拔火罐

拔火罐又名“火罐气”、“吸筒疗法”，古称“角法”。这是一种以杯罐作工具，借热力排去罐内的空气产生负压，使罐紧吸于皮肤，造成充血现

◆中医疗法拔火罐

象的一种疗法，中国人称它为淤血疗法。古代医家在治疗疮疡脓肿时用它来吸血排脓，后来又扩大应用于肺痨、风湿等内科疾病。通过不断改进方法，拔罐疗法有了新的发展，进一步扩大了治疗范围，成为针灸治疗中的一种重要疗法。

这种传统疗法可以逐寒祛湿、疏通经络、祛除淤滞、行气活血、消肿止痛、拔毒泻热，具有调整人体的阴阳平衡、解除疲劳、增强体质的功能，从而达到扶正祛邪、治愈疾病的目的。所以，许多疾病都可以采用拔罐疗法进行治疗。比如：人到中年，常见筋骨疼痛，按中医的解释多属风湿入骨。拔火罐时罐口捂在患处，可以慢慢吸出病灶处的湿气，同时促进局部血液循环，达到止痛、恢复机能的目的，从而治疗风湿“痹痛”、筋骨酸楚等不适。拔火罐对腰背肌肉劳损、腰椎间盘突出症也有一定的治疗作用。

火罐还可以用在人体穴位上，治疗头痛、眩晕、眼肿、咳嗽、气喘、腹痛等毛病，可以多只火罐同时施行。由于这种方法简便易行、效果明显，所以在民间历代沿袭，至今不衰。

真空吸盘

真空吸盘挂钩带有密封唇边，在与被吸物体接触后形成一个临时性的密封空间，通过抽走或者使密封空间里面的空气稀薄，产生内外压力差而牢牢吸附在被吸物体上。真空吸盘挂钩是免钉、免胶、免工具安装，并且可以反复使用的新颖产品。以真空吸附为原理，具有意想不到的承载力，可用于瓷砖、玻璃、花岗石、不锈钢板、保丽板、木门等光洁的无凹凸的平面。

◆真空吸盘挂钩

◆蜘蛛侠

使用前先清洁附着面，然后将吸盘对准吸附面用力按压，直到牢固。真空吸盘挂钩适合用来挂放衣服、毛巾等轻便物品。

如果你崇拜惩恶扬善的英雄蜘蛛侠，想像他一样能够飞檐走壁、来去自如的话，那么利用大气压力，你也可以实现这个梦想了！

英国一名业余发明家利用两部吸尘机作为动力，研制了一款真空吸盘，双手各拿着一个连接背后吸尘机背囊的巨型吸板，可以在墙上爬行，犹如蜘蛛侠一样，十分过瘾。

这名发明家是斯坦斯菲尔德，他在超市买了两部1500瓦特的吸尘机，拆去了机壳后，把两个机械装在一个背板上，如背囊一样负在背后。

两个去壳吸尘机的长长吸喉各连接两个真空吸板，吸板用橡胶密封，确保特强吸力。斯坦斯菲尔德把吸尘发动机背囊挂在背后，然后用手各拿

◆英国一男子发明真空吸盘，变身蜘蛛侠在墙上爬

着一个真空吸板，双脚则踩在吸盘垂下的长带上。当开动吸尘机后，便可以利用抽气原理，拿着两个吸板在墙上面走动，当推动吸板向上时，脚步踏上一步配合，如此便好像爬墙一样，一步步往上爬行。

他利用这款真空吸盘，在一批观众面前，成功地一步步爬上 9.14 米高的学校外墙，直上天台，令街上观众都为之目眩神迷。

动手做一做

物理小魔术：瓶吞鸡蛋

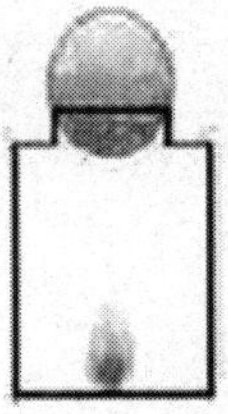

取一个广口瓶，一个剥了壳的熟鸡蛋，把鸡蛋放在广口瓶上，鸡蛋大，瓶口小，鸡蛋没有掉下去。用力按一下鸡蛋，看鸡蛋会不会掉下去。把点燃的纸条放进装有细沙（防止烧裂瓶底）的广口瓶里，并迅速将熟鸡蛋塞住瓶口，会有什么现象出现呢？

鸡蛋“嘣”地一声掉入瓶内，这是因为纸团燃烧需要氧气，所以广口瓶内的空气减少，里面的大气压力减小了，鸡蛋在外面大气压力的作用下，被压入广口瓶内。

动手做一做

物理小魔术：倒不出来的水

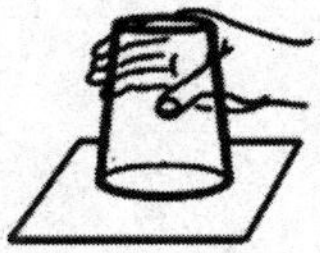

在一个玻璃杯内装满水，用硬纸片盖住玻璃杯口，用手按住，并倒置过来，放手后，整杯水被纸片托住，纸片不掉下来。想一想这是为什么呢？

这是因为玻璃杯内装满水，排出了空气，杯内的水对纸片向下的压强小于大气对纸片向上的压强，因而纸片不掉下来。

拓展思考

1. 大气压力是怎么产生的?

2. 大气压力如此之大，人体为什么没有被大气压力压扁呢?

3. 想一想生活中有哪些利用大气压力的例子?

4. 做一做上面的物理小魔术，想一想有什么办法，在保证瓶和鸡蛋都完整无损的前提下，让广口瓶把鸡蛋再吐出来呢?

天空的立法者——万有引力

任意两个物体或两个粒子间的与其质量乘积相关的吸引力叫万有引力，是自然界中最普遍的力，简称引力。在粒子物理学中则称引力相互作用，和强力、弱力、电磁力合称四种基本相互作用。引力是四种基本相互作用中最弱的一种。

◆万有引力

万有引力定律

万有引力定律是物体间相互作用的一条定律，其内容是：自然界中任何两个物体都是相互吸引的，引力的大小跟这两个物体的质量乘积成正比，跟它们的距离的二次方成反比。

如果用 m_1、m_2 表示两个物体的质量，r 表示它们间的距离，则物体间相互吸引力为：

$$F=G\frac{m_1m_2}{r^2}$$

其中 G 称为万有引力常数。

◆牛顿

万有引力定律是牛顿在 1687 年出版的

◆《自然哲学的数学原理》

《自然哲学的数学原理》一书中首先提出的。牛顿利用万有引力定律不仅说明了行星运动规律，而且还指出木星、土星的卫星围绕行星也有同样的运动规律。他认为月球除了受到地球的引力外，还受到太阳的引力，从而解释了月球运动中早已发现的二均差、出差等。另外，他还解释了彗星的运动轨道和地球上的潮汐现象。

万有引力定律提出后，才正式把研究天体的运动建立在力学理论的基础上，从而创立了天体力学。简单的说，质量越大的东西产生的引力越大，地球的质量产生的引力足够把地球上的东西全部抓牢。

轶闻趣事——牛顿和苹果的故事

1666年，23岁的伊萨克·牛顿还是剑桥大学圣三一学院三年级的学生。看到他白皙的皮肤和金色的长发，很多人以为他还是个孩子。他身体瘦小，沉默寡言，性格严肃，这使人们更加相信他还是个孩子。他那双锐利的眼睛和整天写满怒气的表情始终像是拒人于千里之外。

黑死病席卷了伦敦，夺走了很多人的生命，那确实是段可怕的日子。大学被迫关闭，像牛顿这样热衷于学术的人只好返回安全的乡村，期待着席卷城市的病魔早日离去。

在乡村的日子里，牛顿一直被这样的问题困惑：是什么力量驱使月球围绕地球转，地球围绕太阳转？为什么月球不会掉落到地球上？为什么地球不会掉落到太阳上？

有一天，坐在姐姐的果园里，牛顿听到一个熟悉的声音，“咚”的一声，一只苹果落到草地上。他急忙转头观察第二只苹果落地。第二只苹果从外伸的树枝上落下，在地上反弹了一下，静静地躺在草地上。这只苹果肯定不是牛顿见到的第一只落地的苹果，当然第二只和第一只没有什么差别。苹果落地虽没有给牛顿提供答案，但却激发这位年轻的科学家思考一个新问题：苹果会落地，而月球却不会掉落到地球上，苹果和月亮之间存在什么不同呢？

◆牛顿和神奇的苹果

第二天早晨，天气晴朗，牛顿看见小外甥正在玩小球。他手上拴着一条皮筋，皮筋的另一端系着小球。他先慢慢地拽着绳子使小球旋圈，然后越转越快，最后把小球径直抛出。

牛顿猛地意识到月球和小球的运动极为相像。两种力量作用于小球，这两种力量是向外的推动力和皮筋的拉力。同样，也有两种力量作用于月球，即月球运行的推动力和重力的拉力。正是在重力作用下，苹果才会落地。

◆剑桥大学里的牛顿苹果树

牛顿首次认为，重力不仅仅是行星和恒星之间的作用力，更有可能是普遍存在的吸引力。他认为相互吸引力不但适用于硕大的天体之间，而且适用于各种体积的物体之间。苹果落地、雨滴降落和行星沿着轨道围绕太阳运行都是重力作用的结果。

此前人们普遍认为，适用于地球的自然定律与太空中的定律大相径庭。牛顿的万有引力定律沉重打击了这一观点，它告诉人们，支配自然和宇宙的法则是很简单的。作为所有最重要的科学定律之一，万有引力定律及其数学公式已成为整个物理学的基石。

重力是怎么产生的

◆举重

◆树叶由于重力落下

由于地球的吸引而使物体受到的力，叫做重力。方向总是竖直向下。地面上同一点处物体受到重力的大小跟物体的质量 m 成正比，可用关系式 $G=mg$ 表示。通常在地球表面附近，g 值约为 9.8 牛/千克，表示质量是 1 千克的物体受到的重力是9.8牛。

重力是由于地面附近的物体受到地球的万有引力而产生的。在一般使用上，常把重力近似看作等于万有引力。但实际上重力是万有引力的一个分力。重力之所以是一个分力，是因为我们在地球上与地球一起运动，这个运动可以近似看成匀速圆周运动。我们作匀速圆周运动需要向心力，在地球上，这个力由万有引力的一个指向地轴的分力提供，而万有引力的另一个分力就是我们平时所说的重力了。由于绕地球自转的向心力远小于重力，一般就认为重力约等于万有引力了，其实重力是略小于万有引力的，只有在南北极物体绕地球自转的向心力为零时，重力才等于万有引力。重力和万有引力的方向不同，重力是竖直向下，万有引力是指向地心，竖直向下和指向地心是有所不同的。

万有引力的大小

两个质子间的万有引力只有它们间的电磁力的 $1/10^{35}$，因此研究粒子间的作用或粒子在电子显微镜和加速器中运动时，都不考虑万有引力的作用。

◆小身材，大力气

两个一般物体之间的万有引力也是很小的，我们察觉不到它，可以不予考虑。比如，两个质量都是 60 千克的人，相距 0.5 米，他们之间的万有引力还不足百万分之一牛顿，而一只蚂蚁拖动细草梗的力竟是这个引力的 1000 倍！

◆气象气球升空拍摄到的地球大气层

但是，天体系统中，由于天体的质量很大，万有引力就起着决定性的作用。在天体中质量还算很小的地球，对其他的物体的万有引力已经具有巨大的影响，它把人类、大气和所有地面物体束缚在地球上，它使月球和人造地球卫星绕地球旋转而不离去。太阳和地球的质量乘积更大，巨大的引力能使地球绕着太阳转动。万有引力是支配天体运动的唯一的一种力。

恒星形成后，在高温状态下不弥散反而逐渐收缩，最后坍缩为白矮星、中子星和黑洞，也都是由于引力的作用，因此引力也是促使天体演化的重要因素。

万有引力的伟大意义

17 世纪早期，人们已经能够区分很多力，比如摩擦力、重力、空气阻力、电力和人力等。牛顿首次将这些看似不同的力准确地归结到万有引力概念里：苹果落地，人有体重，月亮围绕地球转，所有这些现象都是由万有引力引起的，万有引力不仅仅是星体的特征，也是所有物质的基本特征。牛顿的万有引力概念是所有科学中最实用的概念之一。

万有引力的发现，是 17 世纪自然科学最伟大的成果之一。它把地面上的物体运动的规律和天体运动的规律统一了起来，对以后物理学和天文学的发展具有深远的影响。它第一次揭示了自然界中一种基本相互作用的规律，在人类认识自然的历史上树立了一座里程碑，是大部分物理科学的理论基石。

小贴士——万有引力被发现的原因

万有引力的发现是当时科学发展的要求。在牛顿之前，已有很多天文学家对宇宙中的星星进行了观察。后来开普勒对多位天文学家的观察结果进行了分析总结，得出了开普勒三定律。

开普勒三定律是不容置疑的，但为什么会这样呢？是什么让星球做加速度不为零的运动？牛顿经过研究思考解决了这个问题：物体之间存在万有引力。当然，他发现万有引力定律也是一个漫长而曲折的过程。

◆开普勒

牛顿发现万有引力定律，虽然是科学发展的要求，生产力发展的原因，但我们不能忽略牛顿本人的一些因素：聪明、勤于思考、拥有一定的知识量。据《物理学史》说：牛顿在发现万有引力定律的那一段时间，废寝忘食，每天魂不守舍，去食堂吃饭，却走错了方向。在食堂吃饭时，他会在饭碗前发呆。一些老师在校园后的沙滩上散步时，看见了一些古怪的算式和符号。1669 年，他年仅 27 岁，就担任了剑桥的数学教授。1672 年当选为英国皇家学会会员。英国皇家学会不是一般人能进去的，那是科学研究中心，里面都是一流的科学家。所以说万有引力定律的发现与牛顿自身的勤奋努力是分不开的。

你知道吗？

开普勒三大定律

1. 所有行星绕太阳运动的轨道都是椭圆，太阳处在椭圆的一个焦点上。

2. 对于任何一个行星来说，它与太阳的连线在相等的时间扫过的面积相等。

3. 所有行星的轨道的半长轴的三次方与公转周期的二次方的比值都相等。

万有引力常量

牛顿提出了万有引力定律，却未能得出万有引力的公式，因为公式中的“G”实在太小了，因此他提出：

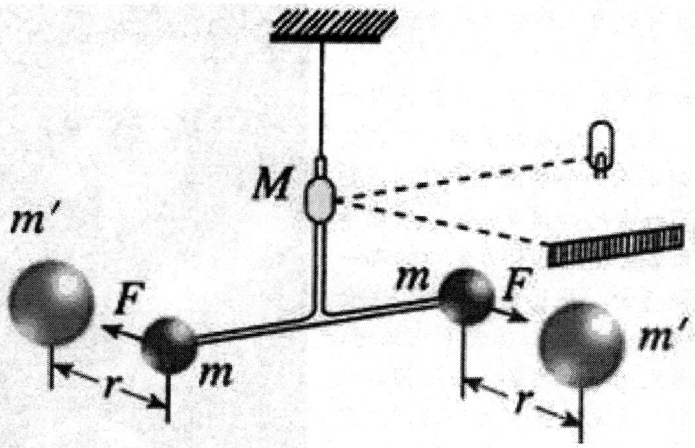

◆卡文迪许实验示意图

$F \propto \frac{Mm}{r^2}$。

直到1798年英国物理学家、化学家亨利·卡文迪许利用著名的卡文迪许扭秤较精确地测出了引力常量的数值。

卡文迪许用一个质量大的铁球和一个质量小的铁球分别放在扭秤的两端。扭秤中间用一根韧性很好的钢丝系在支架上，钢丝上有面小镜子。用一束光照射镜子，光束反射到一个很远的地方，标记下此时光束所在的点。用两个质量一样的铁球同时分别吸引扭秤上的两个铁球。由于万有引力作用。扭秤微微偏转。但光束所反射的远点却移动了较大的距离。他据此计算出了万有引力公式中的常数G，$G=6.67\times10^{-11}\mathrm{N}\cdot\mathrm{m}^2/\mathrm{kg}^2$。

此实验的巧妙之处在于利用光的反射，将微弱的力的作用进行了放大。

名人介绍——亨利·卡文迪许

亨利·卡文迪许（Henry Cavendish，1731—1810年），英国化学家、物理学家。公元1731年10月10日生于法国尼斯。1742～1748年在伦敦附近的海克

◆卡文迪许

◆早期的卡文迪许实验室

◆卡文迪许实验室

纳学校读书。1749～1753年期间在剑桥彼得豪斯学院求学。在伦敦定居后，卡文迪许在他父亲的实验室中当助手，做了大量的电学、化学研究工作。他的实验研究持续达50年之久。1760年卡文迪许被选为伦敦皇家学会成员，1803年又被选为法国研究院的18名外籍会员之一。

卡文迪许在热学理论、计温学、气象学、大地磁学等方面都有研究。1798

年他完成最后的实验时，已年近七十。在物理学上他最主要的成就是通过扭秤实验验证了牛顿的万有引力定律，确定了引力常数和地球平均密度。

公元1810年3月10日，卡文迪许在伦敦逝世，终身未婚。

剑桥大学的卡文迪许实验室建于1871～1874年间，是当时剑桥大学的一位校长威廉·卡文迪许私人捐款兴建的。他是亨利·卡文迪许的近亲。这个实验室就取名卡文迪许实验室。从1871年至今，已培养出20余位诺贝尔物理学奖金获得者，是当今世界最著名的科学研究中心之一。

万有引力的简单涵义

牛顿并不是发现了重力，他是发现重力是“万有”的。每个物体都会吸引其他物体，而这股引力的大小只跟物体的质量与物体间的距离有关。牛顿的万有引力定律说明，每一个物体都吸引着其他每一个物体，而两个物体间的引力大小，正比于它们的质量的乘积，会随着两物体中心连线距离的平方而递减。牛顿为了证明只有球形体可把“球的总质量集中到球的质心点”来代表整个球的万有引力作用的总效果而发展了微积分。然而不管距离地球多远，地球的重力永远不会变成零，即使你被带到宇宙的边缘，地球的重力还是会作用到你身上，虽然地球重力的作用可能会被你附近质量巨大的物体所掩盖，但它还是存在的。不管多小还是多远，每一个物体都会受到引力作用，而且遍布整个太空，正如我们所说的“万有”。

万有引力的量子力学解释

我们知道，由光子是物质的基本粒子来看，物质的构成本身没有意义，如果物质不能够与环境中的其他光子信息相互作用，它就不能将自己的能量、存在形式表达给自然界，自己就是以纯暗物质的形式存在，尽管自己的寿命表现为无限长久，但是对环境、对自己都没有意义。只有它不断与环境中的其他光子信息相互作用，才能将自己的能量、质量表现出来，自己的光子信息才能变化，自己才能由生长到死亡，才能有自己存在的意义。这就是说，任何物质，只要它存在，它就会不断地与环境中的其他光子信息相互作用，这样，物质的存在、各种作用力的存在，事实上都

◆光子

是通过自己周围的光子信息场完成的。

存在物质A，是物质A不断与环境作用光子信息能量，而表现自己的能量质量。当物质B存在的时候，由于B也要不断与环境的光子信息相互作用，B就不同程度地影响了A周围的光子信息内容，从宏观的角度来看，是B挡住了来自A周围的光子信息，改变了A周围的光子信息场使A周围的光子信息场不对称，宏观表现为B对A有一个作用力，这个作用力，是所有物质共有的，称为万有引力。

也可以说成是，由于B的存在，导致了A周围的光子信息力场的形状发生了变化。本来没有B的时候，物体A是一种平衡状态，有了B以后，光子信息的力场发生了变化，物体A所受的作用力，由平衡变成了不平衡，这就是由于B对A施加了万有引力的结果。

万有引力的相对论解释

在相对论的解释中，“引力”其实是时空扭曲的表现，其实是不存在的。或者说引力只是这种现象的一种解释而已。它不同于其他力。举一个二维的例子：一张绷直的橡皮筋网。

1. 放上两个质量不一、体积相同的球，网扭曲了。

2. 在1的基础上，让一个球在橡皮筋网上作匀速直线运动，直线与（同一个）球的位置距离越近，轨迹弯曲越严重。

3. 在2的基础上，让一个球在橡皮筋网上作匀速直线运动接近两个质量不等的球，直线与两个球的距离相同，经过质量大的球时，轨迹弯曲严重。

2跟3说明的现象与引力相似，而且也是质量越大、距离越小，引力就越大。物体由于惯性沿直线运动，但在扭曲的空间运动，表现出来的就是受到引力影响。事实上，引力扭曲的是四维时空。

还有一个例子：光经过大质量天体时会扭曲，但引力不能作用于光，其解释就是光沿直线传播，在扭曲的时空中运动，就会扭曲。但光还是沿直线传播。

由此可见，事实上，万有引力并不是一种真实的力，而是时空弯曲的表现。

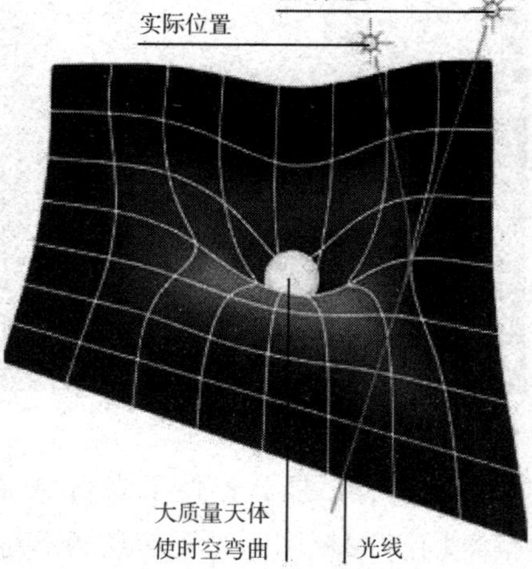

◆时空弯曲

广角镜——爱因斯坦发现相对论

◆爱因斯坦

爱因斯坦相对论是关于时空和引力的基本理论，主要由爱因斯坦（Albert Einstein）创立，分为狭义相对论（特殊相对论）和广义相对论（一般相对论）。相对论的基本假设是相对性原理，即物理定律与参照系的选择无关。狭义相对论讨论的是匀速直线运动的惯性参照系之间的物理定律，广义相对论则推广到具有加速度的参照系中（非惯性系），并在等效原理的假设下，广泛应用于引力场中。相对论颠覆了人类对宇宙和自然的常识性观念，提出了“时间和空间的相对性”、“四维时空”、“弯曲空间”等全新的概念。狭义相对论提出于1905年，广义相对论提出于1915年。

笔尖下发现海神尼普顿

海王星是天文学家第一次在“笔尖”下找到的天体。它离太阳非常遥远，太阳发出的光要经过 4 小时 5 分钟才能到达海王星。海王星上的 1 “年”，约相当于 60189 个地球日。1846 年前后，英国剑桥大学学生亚当斯（J. C. Adams）、法国巴黎工艺学校天文学教师勒·威耶（U. Le Verrier）各自都在研究天王星轨道反常现象，先后用牛顿引力定律预测到未知行星的存在。

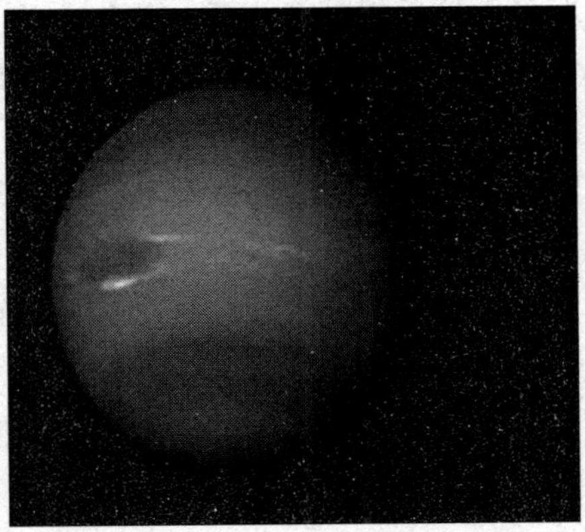
◆海王星

1845 年 10 月 21 日，亚当斯满怀希望地带着论文求见英国皇家天文学会会长艾里（G. B. Airy）。虽然艾里曾为亚当斯和勒·威耶两人提供了宝贵的观测资料，但遗憾的是，艾里认为需要修改的是牛顿万有引力理论，而不是去找什么未知行星。而且，他也不把这位不知天高地厚的 26 岁大学生放在眼里。于是，亚当斯的预测报告便被束之高阁了。

1846 年 9 月 23 日，柏林天文台的伽勒（J. G. Galle）博士一接到勒·威耶要求协助寻星的来信，当晚马上着手观测验证，果然找到了星图上没有的一颗 8 等星。这次发现之所以如此神速，一是柏林天文台十分重视，二是他们拥有新编制的欧洲最好的星图。

新行星的发现轰动了全世界，宣示了牛顿万有引力定律的辉煌胜利。当时的柏林天文台台长恩克（J. F. Encke）指出：“这是所有行星发现中最辉煌的一次。因为纯理论的研究使勒·威耶得以预言一颗新行星的存在并预报它的位置。”与此同时，也有人扼腕痛惜与命运女神失之交臂。

柏林天文台台长恩克很后悔，因为那时伽勒收到勒·威耶来信是首先交给他的。恩克研究彗星赫赫有名，但那天正是他 55 岁生日，家中举行生日晚会，他归心似箭，就把搜寻任务交给了伽勒。当恩克半夜返回天文台时，伽勒已经对海王星进行了 3 次测量，他参与核实工作已是次日凌晨 1 时后了。

英国皇家天文学会会长艾里比伽勒早 11 个月接到亚当斯报告，但他只对报告草草浏览了一番，就不以为然地放进文件柜一锁了事。待勒·威耶预测成功的消息传来，他才大梦初醒，赶紧又翻出报告查看，上面赫然写着："新行星将出现在宝瓶座内，其亮度大约相当于一颗 9 等星……"

作为亚当斯的支持者，剑桥大学天文学教授查利斯（J. Challis）和业余天文学家拉塞尔（Larsell）已先于伽勒一个多月记下了这颗行星的位置，但是资料未能及时处理，因为前者一时找不到更好的星图，而后者又不慎扭伤了腿。

还有两个人，如果在天有灵，也会后悔的。法国天文学家拉朗德（J. Lalande）早在 51 年前，即 1795 年 5 月 8 日和 10 日，已经记录到这一天体，不过他将其位置变化理解为观测误差，以为是一颗恒星。伽利略早在 1612 年 2 月 8 日、1613 年 1 月 28 日两次观测到海王星并作了记录，他也误以为是恒星而没有继续探究下去。直至 20 世纪 80 年代末，美国两位天文学家在查阅他的观测笔记时，才发现了这件令人痛惜的憾事。

这颗行星在大型望远镜里呈现淡蓝色的圆面，让人想起蓝色的海洋，于是人们称它为罗马神话中主宰大海的海神尼普顿（Neptune）。在希腊神话中，他又叫波塞冬（Poseidon），是主神宙斯的哥哥，掌管着三分之一的宇宙，有极大的神通和权力。它的天文符号，很像海神手里的三叉戟在一个圆圆的星球上升起。

后来，科学家又用同样的方法在 1930 年发现了冥王星。

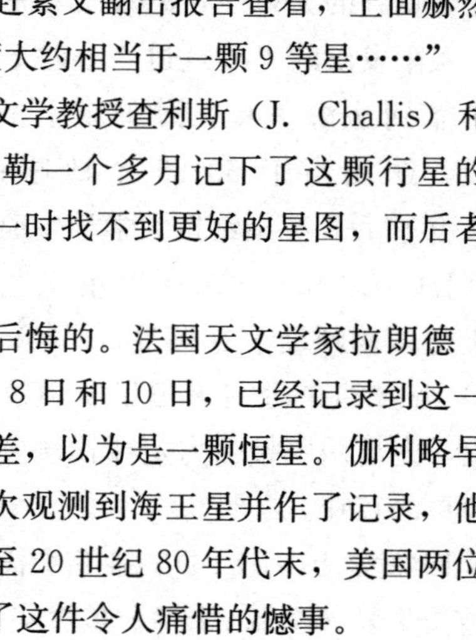

◆海神尼普顿

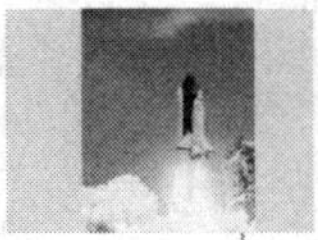

黑 洞

所谓“黑洞”，是引力场很强的一种天体，就连光也不能逃脱出来。等恒星的半径小到“史瓦西半径”时，就连垂直表面发射的光都被捕获了。到这时，恒星就变成了黑洞。说它“黑”，是指它就像宇宙中的无底洞，任何物质一旦掉进去，“似乎”就再不能逃出。由于黑洞中的光无法逃逸，所以我们无法直接观测到黑洞。然而，可以通过测量它对周围天体的作用和影响来间接观测或推测到它的存在。

◆黑洞

“黑洞”无疑是本世纪最具有挑战性、也最让人激动的天文学说之一。

与别的天体相比，黑洞是显得太特殊了。例如，黑洞有“隐身术”，人们无法直接观察到它，连科学家都只能对它内部结构提出各种猜想。那么，黑洞是怎么把自己隐藏起来的呢？答案就是——弯曲的空间。我们都知道，光是沿直线传播的。这是一个最基本的常识。可是根据广义相对论，空间会在引力场作用下弯曲。这时候，光虽然仍然沿任意两点间的最短距离传播，但走的已经不是直线，而是曲线。在经过大密度的天体时，四维空间会

史瓦西半径是任何具有重力的质量之监界半径。太阳的史瓦西半径约为3km，地球的史瓦西半径只有约9mm。

弯曲。光会掉到这样的陷阱里。形象地讲，好像光本来是要走直线的，只不过强大的引力把它拉得偏离了原来的方向。

在地球上，由于引力场作用很小，这种弯曲是微乎其微的。而在黑洞周围，空间的这种变形非常大。这样，即使是被黑洞挡着的恒星发出的光，虽然有一部分会落入黑洞中消失，可另一部分光线会通过弯曲的空间中绕过黑洞而到达地球。所以，我们可以毫不费力地观察到黑洞背面的星空，就像黑洞不存在一样，这就是黑洞的隐身术。

更有趣的是，有些恒星不仅是朝着地球发出的光能直接到达地球，它朝其他方向发射的光也可能被附近的黑洞的强引力折射而到达地球。这样我们不仅能看见这颗恒星的“脸”，还能同时看到它的侧面，甚至后背！

轶闻趣事——黑洞趣事

假如银河系被黑洞吸引，会产生什么现象呢？根据广义相对论，引力越强，时间越慢，物体的长度也缩小。假如银河系被一个黑洞所吸引，在被吸引的过程中，银河系会变成一个米粒大小的东西。银河系里的一切东西包括地球都按相同比例缩小。所以在地球上的人看来，银河系依旧是浩瀚无边。地球上的人依旧照常上班学习，跟他们在正常情况下一样。因为在他们看来，周围的人和物体和他们的大小比例关系不变。他们浑然不知这一切都发生在一个米粒大的世界里。但因为黑洞周围引力巨大，任何物体都不能长时间停留。假如银河系被一个黑洞所吸引，地球上的人只有几秒的时间去体验这一个现象。

◆进入黑洞

一些科学家假想了宇航员坠入黑洞的情景。事实上，黑洞作用在人头上和脚上的力的差非常大，宇航员在没有进入黑洞时，就会被引力差撕碎。但是，如果黑洞的质量足够大，他还是有希望进入黑洞内部的。当宇航员被黑洞吸入后，假如他没被撕碎，他自己并不会感到有什么异常现象，但当他到达压力的极点时，他最终还是被撕碎了。

反引力

强度随距离平方而减小的场有两种：电磁场和引力场。这种减小是比较缓慢的，因此，即使在很远的地方，也能发现这两种场的存在。地球离开太阳有一亿五千万千米远，但仍被太阳的引力场紧紧地抓住不放。

但是，在这两种场当中，引力场又比电磁场弱得多。一个电子所产生的电磁场要比它所产生的引力场大约强四百亿亿亿亿亿倍。

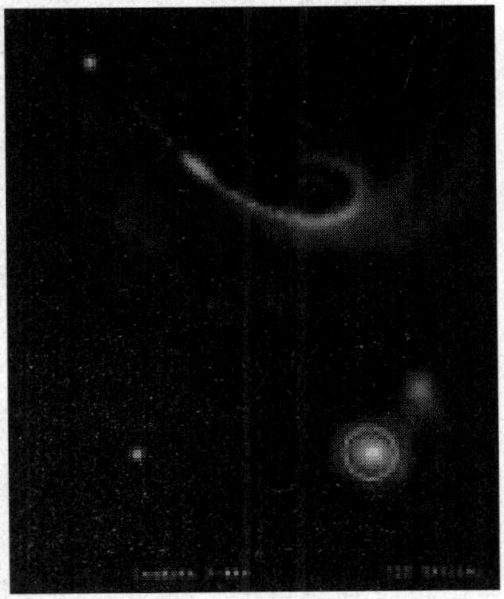

◆反引力

当然，引力场似乎是挺强大的，每一次我们从高处跌落下来时，都会痛苦

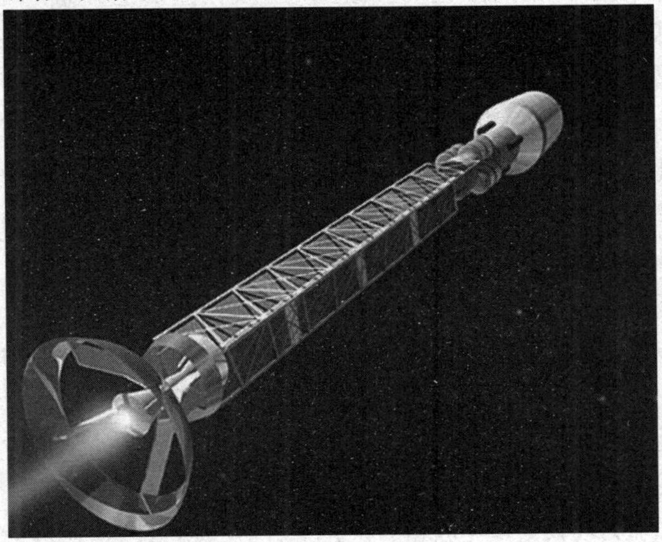

◆反物质推进火箭

◆反物质研究卫星

地体验到这一点。但这只是地球太大了的缘故。地球的每个小块都对引力场有所贡献，结果，总的引力场就变得很可观了。

然而，如果我们拿出一亿个电子（这个数量是太微不足道了，如果把它们集中到一点上，那么，即使用显微镜也无法看到它们），并让它们散布在地球那么大的空间里。这时，这些电子所产生的电磁场，就会和整个巨大的地球所建立的引力场一样强大。

为什么我们对电磁场的感觉不像对引力场那样明显呢？

这是由于它们有一点不同的缘故，电荷有两种，分别叫做正电荷与负电荷，因此，电磁场既可产生吸引作用（在正电荷与负电荷之间），也可产生排斥作用（在两个正电荷或两个负电荷之间）。事实上，如果在像地球那么大的体积内除了一亿个电子之外别无他物的话，这些电子就会互相排斥，远远地散布开来。

由于电磁吸引力和排斥力的作用，会使正电荷与负电荷均匀地混和起来，这样，两种电荷的效应就趋于互相抵消。至于电荷数目的极其微小的差别，则是有可能存在的。我们所研究的正是这种多了一点或少了一点某种电荷时的电磁场。

然而，引力场仅仅产生吸引力。每一种具有质量的物体都会吸引其他具有质量的物体，而当质量增加时，引力场也会增大，它们总是存在的。

◆反粒子

如果某个具有质量的物体，能够排斥另一个具有质量的物体——其强度和排斥方式正好与一般情况下它们互相吸引时一样，那么，我们就得到了“反引力”，或叫“负引力”。

人们还从未发现这种引力排斥作用。不过，这很可能是由于我们所能研究的一切物体都是由普通的物质微粒构成的缘故。

世界上存在着一类“反粒子”，它们在各方面都与普通的粒子相同，只是它们所产生的电磁场恰好同普通粒子相反。例如，如果某一种粒子具有负电荷，相应的反粒子就会有正电荷。也许，反粒子也会具有相反的引力场。两个反粒子会像两个普通粒子一样以引力互相吸引，但是，一个反粒子却会排斥一个普通粒子。

麻烦的是，引力场太微弱了，只有在相当大的质量下，才能发现引力场，而单个粒子或反粒子的引力场，则是无法发现的。我们能够得到普通粒子构成的大质量，但是，迄今仍未能把足够多的反粒子搜罗到一起。而且，时至今日，也没有哪个人能提出一种能发现反引力效应的切实可行的办法来。

拓展思考

1. 万有引力定律是哪位科学家发现的？其内容是什么？

2. 重力是怎么产生的？重力和万有引力是一回事吗？

3. 万有引力定律的发现有什么重要的历史意义？

4. 利用互联网查查黑洞、白矮星、中子星的资料，了解天体运动的物理知识。

它推动工业革命——电场力

电磁力包括电场力和磁场力，它们可以相互转化。19世纪60年代，麦克斯韦将它们统一为电磁力，它控制着宇宙中的电和磁。电磁力是自然界中的4种基本力之一。几乎所有的电动机都是靠磁力驱动的。而一些静电仪器、电子管器件、静电除尘装置等，则是以静电力来实现其功能的。

◆闪电

电场力在我们的生活中有着非常重要的作用，正是由于有了它，我们才进入了电气化的时代，科学技术才得以不断提高。

电场力

电荷之间的相互作用是通过电场发生的。只要有电荷存在，电荷的周围就存在着电场，电场的基本性质是它对放入其中的电荷有力的作用，这种力就叫做电场力。

◆高压线传输电流

正电荷所受电场力方向沿着电场线的切线方向，负电荷所受电场力方向沿电场线切线方向的反方向。

电场力的计算公式是 $F=qE$，其中 q 为点电荷的带电量，E 为场强。

库仑定律

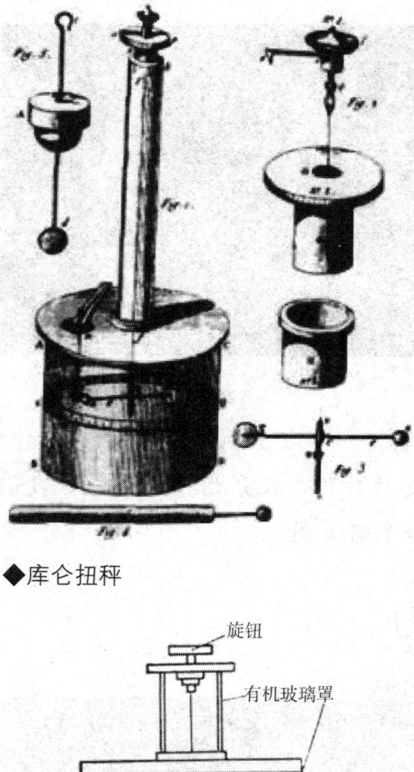
◆库仑扭秤

1785 年，库仑用自己发明的扭秤建立了静电学中著名的库仑定律。同年，他在给法国科学院的《电力定律》的论文中详细地介绍了他的实验装置、测试经过和实验结果。

库仑的扭秤是由一根悬挂在细长线上的轻棒和在轻棒两端附着的两只平衡球构成的。当球上没有力作用时，棒取一定的平衡位置。如果两球中有一个带电，同时把另一个带同种电荷的小球放在它附近，则会有电力作用在这个球上，球可以移动，使棒绕着悬挂点转动，直到悬线的扭力与电的作用力达到平衡时为止。因为悬线很细，很小的力作用在球上就能使棒显著地偏离其原来位置，转动的角度与力的大小成正比。库仑让这个可移动球和固定的球带上不同量的电荷，并改变它们之间的距离：第一次，两球相距 36 个刻度，测得银线的旋转角度为 36 度。

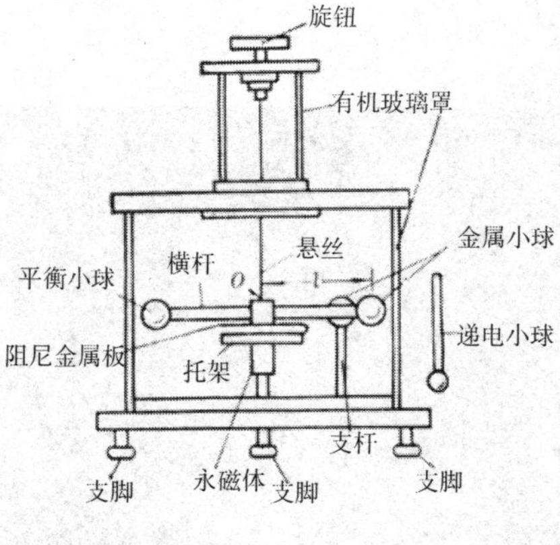

◆库仑扭秤构造

第二次，两球相距 18 个刻度，测得银线的旋转角度为 144 度。

第三次，两球相距 8.5 个刻度，

测得银线的旋转角度为575.5度。

上述实验表明，两个电荷之间的距离为4∶2∶1时，扭转角为1∶4∶16。由于扭转角的大小与扭力矩成正比，所以得到：两电荷间的斥力的大小与距离的平方成反比。库仑认为第三次实验数据的偏差是由漏电所致。

经过巧妙的安排，仔细实验，反复的测量，并对实验结果进行分析，找出误差产生的原因，进行修正，库仑终于测定了带等量同种电荷的小球之间的斥力。

但是对于异种电荷之间的引力，用扭秤来测量就遇到了麻烦。因为金属丝的扭转的回复力矩仅与角度的一次方成比例，这就不能保证扭秤的稳定。经过反复的思考，库仑发明了电摆。他利用与单摆相类似的方法测定了异种电荷之间的引力也与它们的距离的平方成反比。

最后库仑终于找出了在真空中两个点电荷之间的相互作用力与两点电荷所带的电量及它们之间的距离的定量关系，这就是静电学中的库仑定律，即：两电荷间的力与两电荷的电量的乘积成正比，与两者的距离平方成反比。

小博士

库仑定律的意义

库仑建立的库仑定律是电学发展史上的第一个定量规律，它使电学的研究从定性进入库仑建立的定量阶段，是电学史中的一块重要的里程碑。电荷的单位库仑就是以他的姓氏命名的。

名人介绍——库仑

库仑（Charlse－Augustin de Coulomb，1736—1806年），法国工程师、物理学家。1736年6月14日生于法国昂古莱姆。1806年8月23日在巴黎逝世。

◆库仑

库仑早年就读于美西也尔工程学校。离开学校后，进入皇家军事工程队当工程师。法国大革命时期，库仑辞去一切职务，到布卢瓦致力于科学研究。法皇执政统治期间，回到巴黎成为新建的研究院成员。1773 年发表有关材料强度的论文，所提出的计算物体上应力和应变分布情况的方法沿用到现在，是结构工程的理论基础。1777 年开始研究静电和磁力问题。

当时法国科学院悬赏征求改良航海指南针中的磁针问题。库仑认为磁针支架在轴上，必然会带来摩擦，提出用细头发丝或丝线悬挂磁针。研究中发现线扭转时的扭力矩和针转过的角度成比例关系，从而可利用这种装置测出静电力和磁力的大小，这导致他发明扭秤。他还根据丝线或金属细丝扭转时扭力矩和指针转过的角度成正比，因而确立了弹性扭转定律。

1779 年，他根据对摩擦力的分析，提出有关润滑剂的科学理论，于 1881 年发现了摩擦力与压力的关系，表述出摩擦定律、滚动定律和滑动定律。设计出水下作业法，类似现代的沉箱。1785—1789 年，用扭秤测量静电力和磁力，导出著名的库仑定律。

库仑定律使电磁学的研究从定性进入定量阶段，是电磁学史上一块重要的里程碑。

磁学中的库仑定律也是利用类似的方法得到的。1789 年法国大革命爆发，库伦隐居在自己的领地里，每天全身心地投入到科学研究的工作中去。同年，他的一部重要著作问世，在这部书里，他对有两种形式的电的认识发展到磁学理论方面，并归纳出类似于两个点电荷相互作用的两个磁极相互作用定律。库仑以自己一系列的著作丰富了电学与磁学研究的计量方法，将牛顿的力学原理扩展到电学与磁学中。库仑的研究为电磁学的发展、电磁场理论的建立开拓了道路。他的扭秤在精密测量仪器及物理学的其他方面也得到了广泛的应用。

静电感应

如果将导体放在电场中，导体内的自由电子在电场力的作用下，会逆着电场方向运动。这样，导体的负电荷分布在一边，正电荷分布在另一边，这就是静电感应现象。这个现象由英国科学家约翰·坎顿和瑞典科学家约翰·卡尔·维尔克分别在1753年和1762年发现。

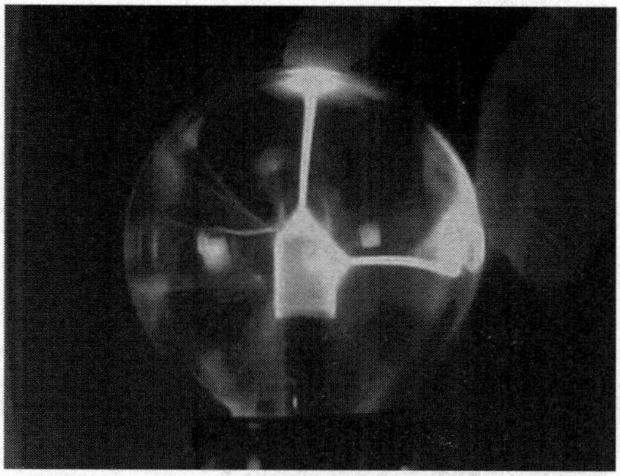

◆手指静电

如绝缘导体C带有正电荷，可称为施感电荷，若将其接近导体AB时，由于同性电荷相斥、异性电荷相吸，于是AB上的负电荷自由电子在C所建立的电场中将吸引至AB的近棒一边，并把等量的正电荷遗留在AB的远棒一边，直至AB中电场强度为零。此时若将A、B分开，则A带负电荷，B带正电荷。

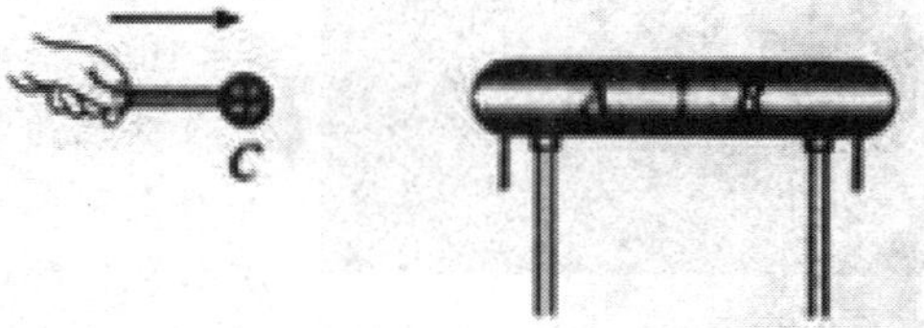

◆感应起电

如果有一条接地引线接触到导体AB，则会有若干电子从大地流向AB。导体AB因得到电子而带负电荷，这种电荷称为感生电荷。故导体中的自由电荷受到电场力的作用而定向移动是产生静电感应的原因。

◆静电使头发竖起

人体也是导体。由于静电感应作用的存在，当人体接近某些敏感的仪器设备时，能造成干扰甚至损坏。工业生产中的某些粉尘，由于摩擦带电及感应带电作用的反复进行，会出现大量的电荷积累，出现火花放电甚至导致爆炸事故，因此须事先采取必要的防静电措施。

小贴士——静电感应铃

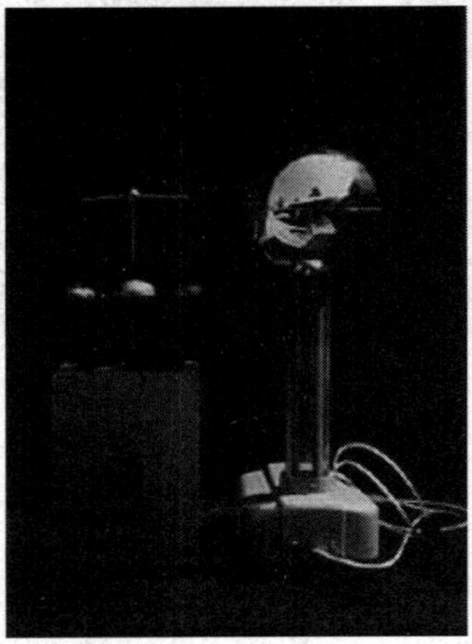
◆静电感应铃

静电感应铃依靠静电就能“叮铃铃”响个不停。这是怎么回事呢？

在左图中，静电感应铃旁边的静电电源是范氏起电机。在这个装置中有三个铃，左右两铃由铜杆连成一体，中间铃连接底座，并与左右两铃用绝缘柱隔开，在中间铃与左右两铃之间，各用丝线悬挂着一个小铜锤。将静电起电机的一极连接铜杆，中间铃接地，开动起电机使左右铃带电后，由于静电感应作用，小锤的外侧带上与带电铃相异性的电荷，而内侧带同性电荷，结果小锤被吸向带电铜铃。当锤与带电铃接触后，就带上与铃相同的电荷，而被斥向中间铃。由于中间铃接地，当小锤与它相撞后，电荷消失。于是又被带电铃吸引，上述过程重复进行，小锤就不停地左右击铃，铃声不止。

静电屏蔽

◆静电屏蔽

静电感应时，由于导体内电荷的重新分布，这些电荷在与外电场相反的方向形成另一电场。根据场强叠加原理，导体内的总电场强度等于两个电场场强的叠加。当导体内部总电场强度为零时，导体内的自由电子不再移动。物理学中将导体中没有电荷移动的状态叫做静电平衡。

处于静电平衡状态的导体，内部电场强度处处为零。由此可

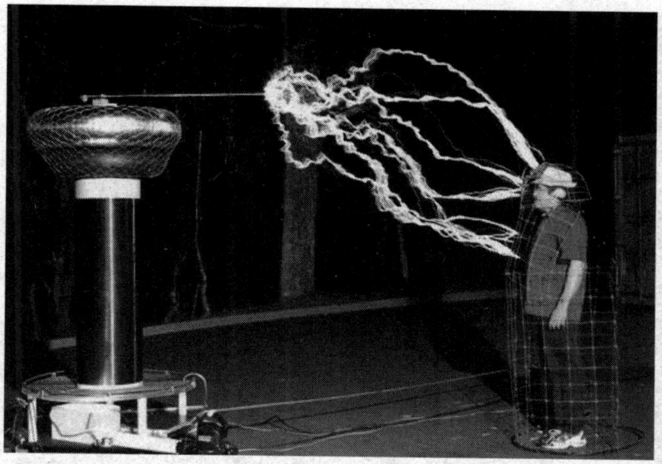

◆法拉第笼实验

推知，处于静电平衡状态的导体，电荷只分布在导体的外表面上。如果这个导体是中空的，当它达到静电平衡时，内部也将没有电场。这样，导体的外壳就会对它的内部起到“保护”作用，使它的内部不受外部电场的影响，这种现象称为静电屏蔽。

法拉第曾经冒着被电击的危险，做了一个闻名于世的实验——法拉第笼实验。法拉第把自己关在金属笼内，当笼外发生强大的静电放电时，他并未受到任何影响，并且验电器也无任何显示。

电场力的应用

电的发现和应用极大地节省了人类的体力劳动和脑力劳动，使人类的力量长上了翅膀，使人类的信息触角不断延伸。电对人类生活的影响有两方面：能量的获取、转化和传输，电子信息技术的基础。电在现代社会已经成为了推动世界的主要动力，在人类社会中不可或缺。

在未来，电场力的存在将使航空航天事业得到长足发展，例如利用电场保护层，可以让飞行器更“轻”；以及让飞行器依靠电场飞行，而取代现有的发动机；电场在核物质的衰变中起作用，让我们能更好地利用能源。

◆粒子加速器

电场力的应用广泛，例如离子加速器、航天事业中导航修正、对新物质的加工、改变物质排列等领域，在未来可能是主要动力之一。

现代的电力供应由于常规能源的日益减少而出现了供应危机，世界各国在号召节能环保的同时也在不断地进行新能源的开发。

拓展思考

1. 库仑定律的内容是什么？你能写出库仑定律的公式吗？

2. 库仑身上的哪些精神是值得我们学习的？

3. 起电方式有哪几种？

4. 什么是静电感应？生活中有哪些利用静电的例子？哪些情况下静电是要防止的？

让世界转起来——磁场力

几乎所有的电动机都是靠磁场力驱动的。磁场力包括两种，一种是磁场对通电导线的作用力，叫做安培力；另一种是磁场对运动电荷的作用力，叫做洛伦兹力。安培力是洛仑兹力的宏观表现。

◆美丽的极光与从太阳射出的带电粒子受到地磁场的作用有关

磁场力的发现使发电机的发明成为了可能，这为人类大规模应用电力设备开辟了前进的道路。自此，人类新的工业革命开始了。

洛伦兹力

从阴极发射出来的电子束，在阴极和阳极间的高电压作用下，轰击到长条形的荧光屏上激发出荧光，可以在示波器上显示出电子束运动的径迹。实验表明，在没有外磁场时，电子束是沿直线前进的。如果把射线管放在蹄形磁铁的两极间，荧光屏上显示的电子束运动的径迹就发生了弯曲。这表明，运动电荷确实受到了磁场的作用力。荷兰物理学家洛伦兹(1853—1928）首先提出了运动电荷产生磁场和磁场对运动电荷有作用力的观点，为纪念他，人们称这种力为洛伦兹力。

◆洛伦兹力

根据洛伦兹力定律，洛伦兹力可以用方程计算，称为洛伦兹力方程，表达式为 $F=q(E+v\times B)$。其中，F 是洛伦兹力，q 是带电粒子的电荷量，E 是电场强度，v 是带电粒子的速度，B 是磁感应强度。在国际单位制中，洛仑兹力的单位是牛顿，符号 N。

◆正负电子对撞机

洛伦兹力既适用于宏观电荷，也适用于微观荷电粒子。电流元在磁场中所受安培力就是其中运动电荷所受洛伦兹力的宏观表现。导体回路在恒定磁场中运动，使其中磁通量变化而产生的动生电动势也是洛伦兹力的结果，洛伦兹力是产生动生电动势的非静电力。

洛伦兹力公式和麦克斯韦方程组以及介质方程一起构成了经典电动力学的基础。在许多科学仪器和工业设备，例如β谱仪、质谱仪、粒子加速器、电子显微镜、磁镜装置、霍耳器件

洛伦兹力方向总与运动方向垂直，因此洛伦兹力永远不做功，只改变带电粒子的方向。

中，洛伦兹力都有广泛应用。

名人介绍——洛伦兹

洛伦兹（1853－1928 年）是荷兰物理学家、数学家。1853 年 7 月 18 日生于阿纳姆，1870 年入莱顿大学学习数学、物理学，1875 年获博士学位，25 岁起任莱顿大学理论物理学教授，达 35 年。洛伦兹是经典电子论的创立者，他认为电具有“原子性”，电的本身是由微小的实体组成的，后来这些微小实体被称为电子。洛伦兹以电子概念为基础来解释物质的电性质，从电子论推导出运动电荷在磁场中要受到力的作用，即洛伦兹力。他把物体的发光解释为由原子内部电子的振动产生，因此当光源放在磁场中时，光源的原子内电子的振动将发生改变，使电子的振动频率增高或降低，导致光谱线的增宽或分裂。1896 年 10 月，洛伦兹的学生塞曼发现，在强磁场中钠光谱的 D 线有明显的增宽，即产生塞曼效应，证实了洛伦兹的预言。塞曼和洛伦兹共同获得 1902 年诺贝尔物理学奖。

◆荷兰物理学家洛伦兹(1853－1928 年)

1904 年，洛伦兹证明，当把麦克斯韦的电磁场方程组用伽利略变换从一个参考系变换到另一个参考系时，真空中的光速将不是一个不变的量，从而导致对不同惯性系的观察者来说，麦克斯韦方程及各种电磁效应可能是不同的。为了解决这个问题，洛伦兹提出了另一种变换公式，即洛伦兹变换，用洛伦兹变换，将使麦克斯韦方程从一个惯性系变换到另一个惯性系时保持不变。后来，爱因斯坦把洛伦兹变换用于力学关系式，创立了狭义相对论。

安培力

磁场对电流的作用力通常称为安培力，这是为了纪念法国物理学家安培在研究磁场对通电导线的作用方面的杰出贡献而命名的。

实验表明：把一段通电直导线 MN 放在磁场里，当导线方向与磁场方向垂直时，电流所受的安培力最大；当导线方向与磁场方向一致时，电流不受安培力；当导线方向与磁场方向斜交时，电流所受的安培力介于最大值和零之间。电流为 I、长为 L 的直导线，在匀强磁场 B 中受到的安培力大小为：$F=ILB\sin(I,B)$，其中 (I,B) 为电流方向与磁场方向间的夹角。安培力的方向由左手定则判定。

安培力的实质是形成电流的定向移动的电荷所受洛伦兹力的合力。磁场对运动电荷有洛伦兹力的作用，当电荷的运动方向与磁场平行时不受洛伦兹力作用，这是从实验观察中得知的。当电流方向与磁场平行时，电荷的定向移动方向也与磁场方向平行，所受洛伦兹力为零，它们的合力安培力也为零。

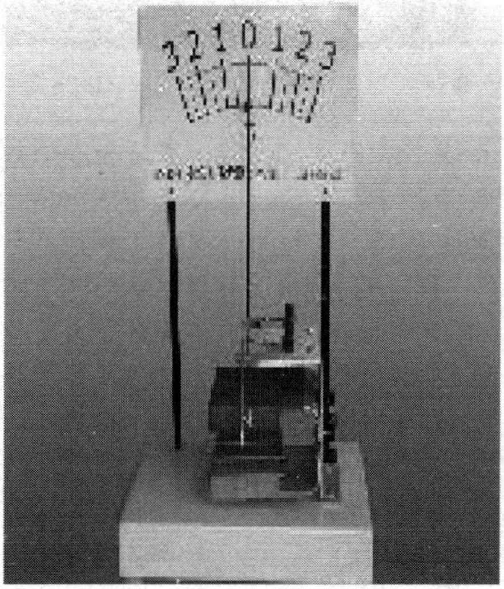

◆安培力演示器

洛伦兹力不做功是因为力的方向与粒子的运动方向垂直，根据功的公式 $W=FS\cos\alpha$，$\alpha=90$ 度时 $W=0$。而安培力是与导线中的电流方向垂直的，与导线的运动方向并不一定垂直的，一般遇到的情况大多是在同一直线上的，所以安培力做功不为零。

既然安培力是洛伦兹力的宏观表现，洛伦兹力对运动电荷不作功，何以安培力能对载流导线作功呢？实际上洛伦兹力起了传递能量的作用，它的一部分阻碍电荷运动作负功，另一部分构成安培力对载流导线作正功，结果仍是由维持电流的电源提供了能量。

安培力的重要意义在于，一方面它进一步指出了电与磁的相互联系；另一方面是它的应用价值，电动机的工作原理就是基于安培力。

小博士

左手定则

伸开左手，让磁感线穿过手心，大拇指与其他四指垂直，四指指向电流方向，大拇指指向的就是安培力方向（即导体受力方向）。

名人介绍——安培

安德烈·玛丽·安培（André Marie Ampère，1775—1836年），法国物理学家，是近代物理学史上功绩显赫的科学家。1775年1月22日生于里昂一个富商家庭，1836年6月10日卒于马赛。1802年他在布尔让一布雷斯中央学校任物理学和化学教授；1808年被任命为法国帝国大学总学监，此后一直担任此职；1814年被选为帝国学院数学部成员；1819年主持巴黎大学哲学讲座；1824年担任法兰西学院实验物理学教授。

◆安德烈·玛丽·安培（André Marie Ampère,1775～1836年）

安培最主要的成就是1820—1827年对电磁作用的研究。1820年7月，H.C.奥斯特发表关于电流磁效应的论文后，安培报告了他的实验结果：通电的线圈与磁铁相似；9月25日，他报告了两根载流导线存在相互影响，相同方向的平行电流彼此相吸，相反方向的平行电流彼此相斥；对两个线圈之间的吸引和排斥也作了讨论。通过一系列经典的和简单的实验，他认识到磁是由运动的电产生的。他用这一观点来说明地磁的成因和物质的磁性。他提出分子电流假说：电流从分子的一端流出，通过分子周围空间由另一端注入；非磁化的分子的电流呈均匀对称分布，对外不显示磁性；当受外界磁体或电流影响时，对称性受到破坏，显示出宏观磁性，这时分子就被磁化了。在科学高度发展的今天，安培的分子电流假说有了实在的内容，已成为认识物质磁性的重要依据。为了进一步说明电流之间的相互作用，1821—1825 年，安培做了关于电流相互作用的四个精巧的实验，并根据这四个实验导出两个电流元之间的相互作用力公式。1827 年，安培将他的电磁现象的研究综合在《电动力学现象的数学理论》一书中，这是电磁学史上一部重要的经典论著，对以后电磁学的发展起了深远的影响。为了纪念安培在电学上的杰出贡献，电流的单位安培就是以他的姓氏命名的。

他曾研究过概率论和积分偏微分方程，显示出他在数学方面奇特的才能。他还做过化学研究，几乎与 H. 戴维同时认识到元素氯和碘；比 A. 阿伏伽德罗晚三年导出阿伏伽德罗定律。

1836 年，安培以大学学监的身份外出巡视工作，不幸途中染上急性肺炎，医治无效，于 6 月 10 日在马赛去世，终年 61 岁。

电动机

电动机，俗称马达，是一种将电能转化成机械能，并可再使用机械能产生动能，用来驱动其他装置的电气设备。

电动机按运动方式分两种类型。一种是旋转式器件，它主要包括一个

◆电动机

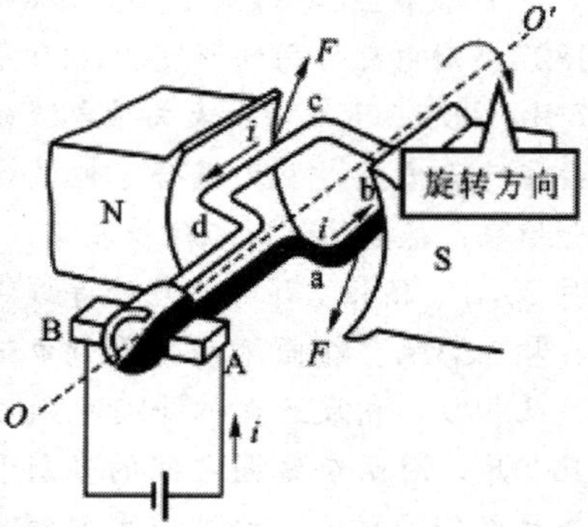

◆电动机原理

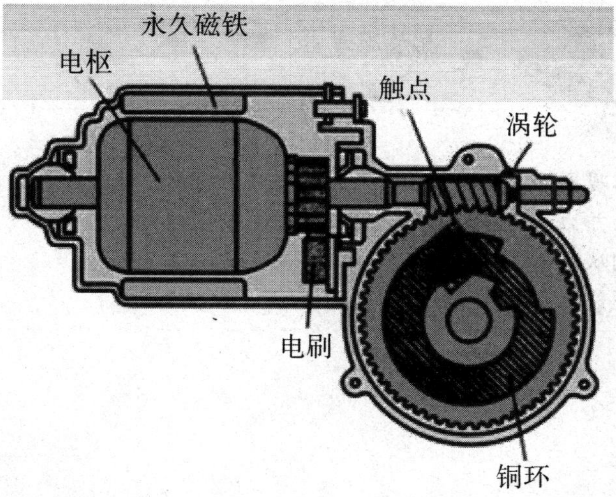

◆电动机剖面

用以产生磁场的电磁铁绕组或分布的定子绕组和一个旋转电枢或转子，其导线中有电流通过并受磁场的作用而转动，这些机器中有些类型可作电动机用，也可作发电机用。另一种是作直线运动的，称为直线电动机。

电动机按使用电源不同分为直流电动机和交流电动机，电力系统中的电动机大部分是交流电机，可以是同步电机或者是异步电机（电机定子磁场转速与转子旋转转速不保持同步速）。电动机主要由定子与转子组成。通电导线在磁场中受力运动的方向跟电流方向和磁感线（磁场）方向有关。电动机工作原理是电流通过磁场中的线圈将受力的作用，使线圈（电动机）转动。

电动机能提供的功率范围很大，从毫瓦级到万千瓦级。电动机的使用和控制非常方便，具有自起动、加速、制动、反转、掣住等能力，能满足各种运行要求；电动机的工作效率较高，又没有烟尘、气味，不污染环境，噪声也较小。由于它的一系列优点，所以在工农业生产、交通运输、国防、商业及家用电器、医疗电器设备等各方面广泛应用。

拓展思考

1. 注意观察你身边的事物，哪些与磁场力有关？你能列举出几种？
2. 洛伦兹力和安培力有什么区别和联系？
3. 我们从物理学家身上可以学到哪些优良的品质？
4. 你还能想到磁场力有哪些应用？

微观世界的大力士——分子力

物质结构理论告诉我们，物质是由分子组成的。坚硬的固体我们很难使它伸长，说明组成物体的分子间存在着引力。固体和液体都很难被压缩，这说明分子间还存在着相互作用的斥力。拉伸物体时，分子间的相互作用力表现为引力，压缩物体时，分子间的相互作用力表现为斥力，以上仅能说明分子间存在着相互作用力。那么，分子间的相互作用力是怎样产生的呢？为什么不同物质的物理性质（如熔点、沸点、熔化热、汽化热等）不同呢？这些物理性质与分子间的相互作用力又有什么关系呢？要回答以上问题，我们就必须对分子间的相互作用力有一个比较清楚的认识。

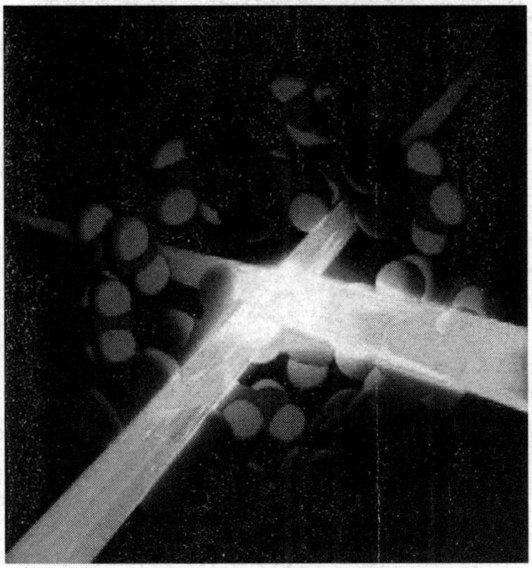
◆分子

分子力的概念

分子力，又称分子间作用力、范得瓦耳斯力。分子间的相互作用，当两分子相距较远时，主要表现为吸引力。这种力主要来源于一个分子被另一个分子随时间迅速变化的电偶极矩所极化而引起的相互作用。当两分子非常接近时，则排斥力成为主要的。这是由于各分子的外层电子云开始重叠而产生的排斥作用。

广角镜——电子云

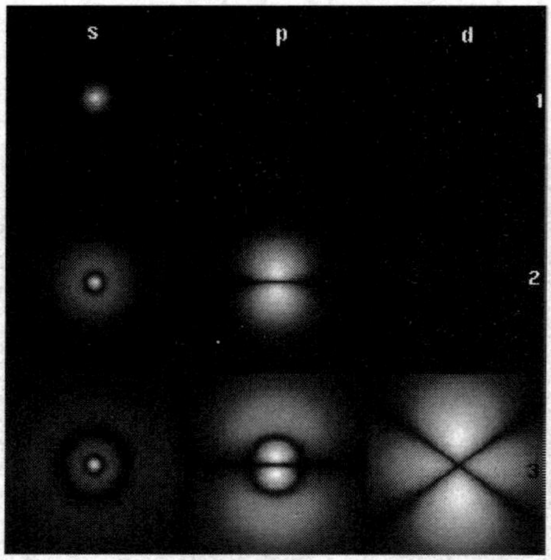

◆自然以横切面及彩色编码概率密度显示的最初几个氢原子电子云

电子云是电子在原子核外空间概率密度分布的形象描述，电子在原子核外空间的某区域内出现，好像带负电荷的云笼罩在原子核的周围，人们形象地称它为“电子云”。1926年奥地利学者薛定谔在德布罗意关系式的基础上，对电子的运动做了适当的数学处理，提出了二阶偏微分的著名的薛定谔方程式。这个方程式的解，如果用三维坐标以图形表示的话，就是电子云。

极化是产生分子力的必要条件

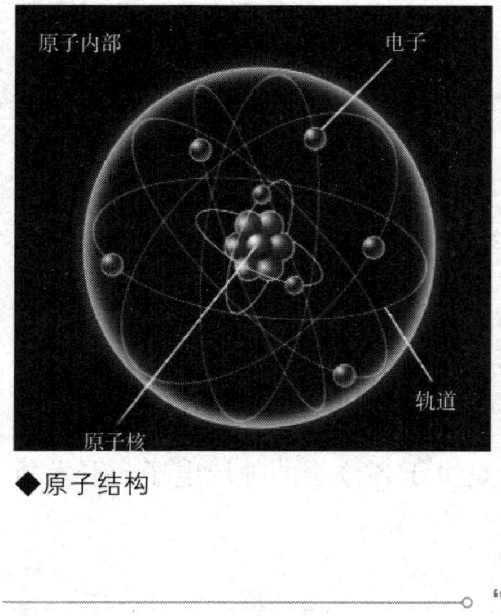

◆原子结构

现代分子结构理论证明，分子是由原子组成的，原子内部有带正电的原子核和带负电的电子。将原来分子内正、负电荷中心重合的非极性分子，放在电容器的两个极板之间，极板上的电荷就会影响分子内电荷的分布，带正电荷的核被引向负极板，而电子云被引向正极板，结果，电子云与核发生相对位移，分子发生了变形，使分子产生了电偶极。这样的过程称为分子的极化，所形成的偶极称为诱导偶极，当外界电场取消时偶极消失，而分子就重新形成非极性分子。

外界电场对极性分子的作用过程稍有一些不同，极性分子本来就已具有偶极，这种偶极称为固有偶极。分子的热运动是无规则的，当它们受到外电场作用时，分子的偶极就按照电场的方向而取一定的方位，即它们的正极引向负极板，负极引向正极板。这种作用称为取向作用，同时在电场作用下也会变形，形成诱导偶极。这样诱导偶极加上固有偶极，分子极性就更加增强，因而极性分子的极化是分子的取向和变形的总结果。分子的极化不仅能在电容器的两个极板之间发生，在分子相互作用过程中也可以发生，从而使组成分子的带电微粒间产生吸引和排斥的力，分子间的作用力就是由这些带电微粒引起的。分子间的万有引力比分子间的电磁力小得多，可以忽略不计。

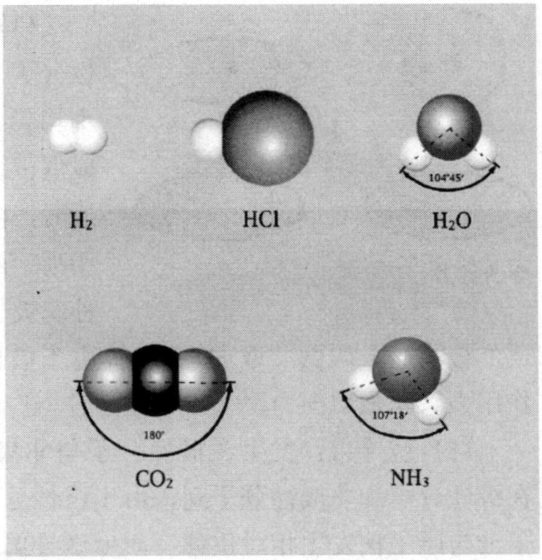

◆极性分子 HCl、H_2O、NH_3 和非极性分子 H_2、CO_2

分子间作用力的微观实质

分子间作用力实际上是一种电性的吸引力，从这个意义上讲，分子间作用力可以分为以下三种力：

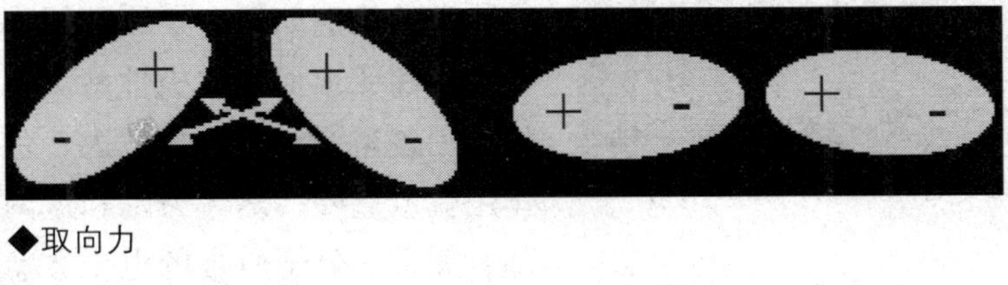

◆取向力

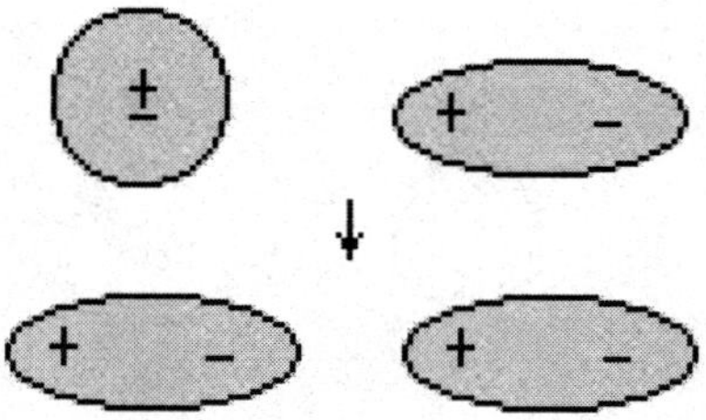

◆诱导力

（1）取向力：发生在极性分子与极性分子之间。由于极性分子的电性分布不均匀，一端带正电，一端带负电，形成偶极。因此，当两个极性分子相互接近时，由于它们偶极的同极相斥，异极相吸，两个分子必将发生相对转动。这种偶极子的相互转动，就使偶极子的相反的极相对，叫做“取向”。这种由于极性分子的取向而产生的分子间的作用力，叫做取向力。

（2）诱导力：发生在极性分子与非极性分子之间以及极性分子之间。在极性分子和非极性分子间，由于极性分子的影响，会使非极性分子的电子云与原子核发生相对位移，产生诱导偶极，与原极性分子的固有偶极相互吸引，这种诱导偶极间产生的作用力叫诱导力。同样的，极性分子间既具有取向力，又具有诱导力。

（3）色散力：当非极性分子相互接近时，由于每个分子的电子不断运动和原子核的不断振动，经常发生电子云和原子核之间的瞬时相对位移，产生瞬时偶极。而这种瞬时偶极又会诱导邻近分子也产生和它相吸引的瞬时偶极。由于瞬时偶极间的不断重复作用，使得分子间始终存在着引力，因其计算公式与光色散公式相似而称为色散力。

◆酒精比水容易蒸发，并且具有较低的沸点

总结以上所述，分子间的作用力有三个来源，即取向力、诱导力和色散力。至于在各种情况下，这三种类型的力所占的比例如何，要看互相作用的分子极性和变形而定。极性愈高，取向力的作用越重要；变形性愈大，色散力的作用就愈重要；诱导力则和这两个因素都有关系。分子所含的电子数愈多，变

形性就愈大。一般来说，分子的变形性随分子量的增大而增大，色散力大小又由分子的变形性决定，故分子间色散力随分子量的增大而增大，正因为如此，同类物质的熔、沸点随分子量的增大而升高。例如，卤素的熔、沸点随着分子量的增大而升高，在常温下，氟、氯是气体，溴是液体，而碘是固体。

由于分子间作用力的存在，当液体汽化时需要克服液体分子间的引力，引力愈大，汽化热也愈大，液体的沸点就愈高，例如酒精比水容易蒸发，并且具有较低的沸点，就是由于酒精分子间引力小于水分子间引力的缘故。当固体熔化为液体时，也要部分地克服分子间的引力，所以，分子间作用力较大的物质，将具有较高的熔点和较大的熔化热，因此分子间作用力的大小是决定物质的熔点、沸点、溶解热、汽化热等物理性质的主要因素。

分子间作用力与分子间距离的关系

分子间存在着引力和斥力。分子间引力和斥力随分子间的距离的增大而减小，随分子间的距离的减小而增大，且斥力减小或增大比引力变化要快些。

◆两个压紧的铅块“粘合”在一起

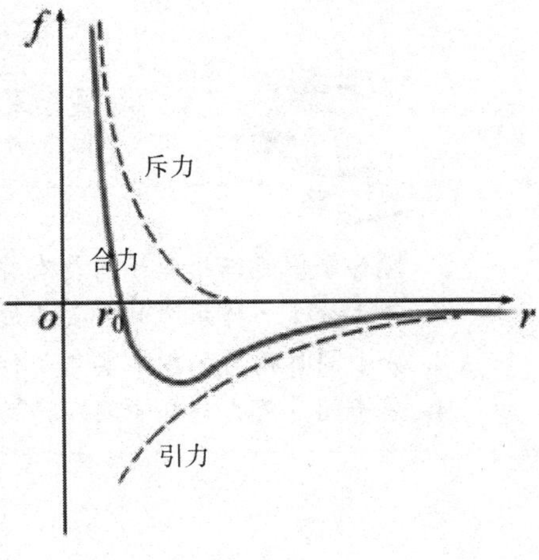

◆分子力变化情况

分子力的变化情况：

（1）当 $r=r_0$（$r_0=10^{-10}$ 米）时，分子间的引力和斥力相平衡，分子力为零，此位置叫做平衡位置。

（2）当 $r<r_0$ 时，斥力和引力都随 r 的减小而增大，但斥力增大得更快，因此分子力表现为斥力。

（3）当 $r>r_0$ 时，斥力和引力都随 r 的增大而减小，但斥力减小得更快，因此分子力表现为引力。

（4）当 $r\geqslant 10r_0$ 时，分子间引力和斥力都十分微弱，分子力为零。

（5）当 r 由 $r_0\to\infty$ 时，分子力（引力）先增大后减小。

动手做一做

小实验：体验分子力的作用

把一块洗净的玻璃板吊在橡皮筋的下端，使玻璃板水平地接触水面（如图所示）。用手向上拉橡皮筋可以使玻璃板离开水面。怎样判断拉动玻璃板的力是否大于玻璃板的重量？动手试一试，并解释为什么。

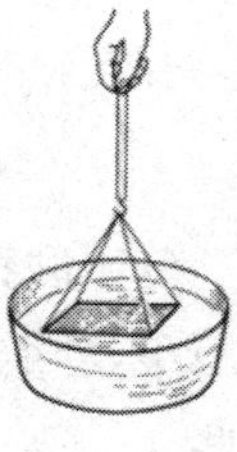

拓展思考

1. 哪些事例能证明分子间是有作用力的？
2. 产生分子间作用力的必要条件是什么？
3. 分子间作用力的微观实质是什么？
4. 分子间作用力与分子间距离的关系是怎样的？

走进原子的心——核力

核力是使核子组成原子核的作用力，属于强相互作用的一类。原子核中有中子、质子。质子是带正电的，所以质子之间会互相排斥。是非常强大的核力将它们吸引在一起，使它们在非常小的区域形成原子核。核力是短程力，只有在原子核尺度上才显现出来。核力是一种很复杂的相互作用，人们通过多年的实验研究和理论分析，才对它的特性有了比较细致的了解，但仍不完全。

◆中子弹

强相互作用

强相互作用是作用于强子之间的力，是目前所知的四种宇宙间基本作用力中最强的，也是作用距离最短的，作用距离大约在 $10^{-15} \sim 10^{-10}$ m 范围内。最早研究的强相互作用是核子（质子或中子）之间的核力，它是使核子结合成原子核的作用。自 1947 年发现与核子作用的 π 介子以后，实验陆续发现了几百种有强相互作用的粒子，这些粒子统称为强子。

核子间的核力就是强相互作用，它抵抗了质子之间的强大的电磁力，维持了原子核的稳定。现在物理学家认为强相互作用的产生与夸克、胶子有关。它将质子和中子中的夸克束缚在一起，并将原子中的质子和中子束缚在一起。一般认为，称为胶子的另一种自旋为 1 的粒子携带强作用力。它只能与自身以及与夸克相互作用。强核力具有一种称为禁闭的古怪性质：它总是把粒子束缚成不带颜色的结合体。由于夸克有颜色（红、绿或蓝），人们不能得到单独的夸克。反之，一个红夸克必须用一串胶子和一个绿夸克以及一个蓝夸克联结在一起（红＋绿＋蓝＝白）。这样的三胞胎构成了质子或中子。其他的可能性是由一个夸克和一个反夸克组成的对（红＋反红，或绿＋反绿，或蓝＋反蓝＝白）。这样的结合构成称为介子的粒子。介子是不稳定的，因为夸克和反夸克会互相湮灭而产生电子和其他粒子。类似地，由于胶子也有颜色，色禁闭使得人们不可能得

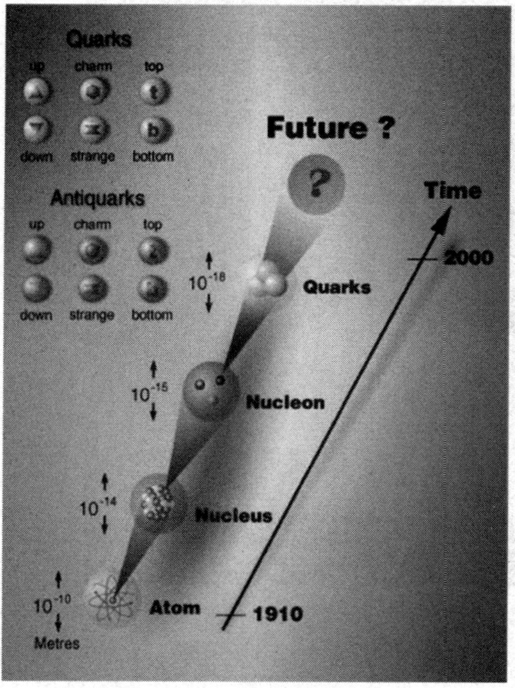

◆人类已经开始了对夸克的研究

到单独的胶子。相反地，人们所能得到的胶子的团，其叠加起来的颜色必须是白的。这样的团形成了称为胶球的不稳定粒子。

强相互作用的理论是量子色动力学（QCD）。带电粒子之间有电磁相互作用，带色荷的粒子之间有强相互作用。两个中性原子之间没有相互作用，靠近电子云重叠出现的作用力称为范德瓦尔斯力，出现强相互作用的强子之间的力程都很短。

核力的性质

核力是短程力。核力在4～5费米以上的距离即已消失，当两核子距离为2～5费米时，它是较弱的吸引力，通常称为长程弱吸引力。核力的中程部分（1～2费米）是较强的吸引力，它比质子间的库仑力强得多，足以克服库仑排斥作用。当两核子间距离小于0.4～0.5费米时，核力为强排斥力，称为排斥芯。

核力具有饱和性。各种较重（例如$A>40$）的原子核中，每个核子所占的体积大致相同，每个核子的平均结合能也大致相同。这一实验事实表明原子核中每一核子通常仅仅和邻近的少数核子发生较强的吸引作用，说明核力和某些分子之间的作用力一样，具有饱和性。

核力具有交换性。当两核子相互作用时，它们可以交换自旋或电荷。两核子的相互作用和它们的自旋的相对取向有关，自旋平行和自旋反平行时的相互作用不同。这一点在实验中已得到充分的验证。例如，仅当质子和中子自旋平行时才能结合成氘核，自旋反平行时则不能结合。当能量超过100MeV以上的中子轰击含氢的靶时，人们观测到不少质子沿原来中子飞行的方向飞出。这现象只能用中子同质子相互作用时发生电荷交换来解释。

核力是非中心力。实验中发现氘核具有正的电四极矩，反映了氘核内核子分布是椭球形的。因此，描述氘核的波函数不应是纯粹的s波（它是球对称的），而应混有一定的d波。这就表明了核力中除了中心力之外，还存在一定的可以导致d波的混入的非中心力，这个力也常称为张量力。从研究核子—核子散射特别是极化现象可知，核力还应具有自旋—轨道耦合项，即正

比于 $l \cdot s$ 的项。这里 l 为两核子的相对运动角动量，s 是核子的自旋。此外，核力也还可能和相对运动动量及角动量有其他更复杂的关系。

你知道吗？

费米：也称飞米，符号 fm（femto meter），1 费米相当于 10^{-15} 米。

平均结合能：核子结合成原子核时每个核子平均放出的能量，称为核子平均结合能。

核力具有电荷无关性。对于给定的相对运动状态，质子—质子、中子—质子和中子—中子间的由于核力的相互作用都是相同的。也就是说，核力与核子所带的电荷无关。很多实验事实表明，核力的这一性质，至少是近似成立的。但是无论在理论上或实验上，论证都还不够严格，即难以严格证明所有对这种电荷无关性质的偏离都是由电磁相互作用引起的。

科技文件夹

由于电荷的交换作用，核力可以分为四个组成部分：

维格纳力——不交换的作用；

马约喇纳力——交换自旋也交换电荷的作用；

巴特勒特力——只交换自旋的作用；

海森伯力——只交换电荷的作用。

核力的应用——核武器

1945 年 8 月 6 日和 9 日，在第二次世界大战结束的前夕，美国空军在日本的广岛和长崎接连投掷了两枚原子弹。这场人类有史以来的巨大灾难，造成了 10 万余日本平民死亡和 8 万多人受伤。原子弹的空前杀伤和破坏威力，震惊了世界，也使人们对以利用原子核的裂变或聚变的巨大爆炸力而制造的新式武器有了新的认识。

◆1964 年我国首枚原子弹爆炸成功

◆1967 年 6 月 17 日，我国首枚氢弹爆炸成功

目前，人们通常所说的核武器是指利用原子核的裂变或聚变所产生的巨大能量和破坏力制造的具有巨大杀伤力的武器，即指利用能自行维持原子核裂变或聚变链式反应瞬间释放的能量产生爆炸作用，并具有大规模杀伤破坏效应的武器。

裂变核武器的基本原理是使一定量的铀-235 或钚-239 从亚临界态向超临界态转变，也就是使核装置产生中子的速度大于中子从核装置逸出的速度。有两种方法可以实现这种转变：一种方法是把核装置分成两部分，而每一部分都小到不足以具有中子正增殖率，然后用炮式设备把两部分击成一块；另一种方法是用烈性

◆氘核、氚核在超高温下聚合成氦核，释放出核能

化学炸药包住处于亚临界态的球形核装置，通过引爆将核装置压成超临界态。

聚变核武器是使氢的同位素氘或氚化锂这类热核燃料中产生起爆条件，用裂变核弹的方法使核武器中的热核燃料具有 10000000～20000000℃高温，从而引起核聚变。

原子弹和氢弹通常以千吨或兆吨梯恩梯（TNT）当量作为单位来表示。如 1945 年美国投在广岛的裂变核弹，不到 50 千克的铀释放出来的能量相当于 2 万吨化学炸药。各种聚变核弹即热核弹（氢弹），其威力最高可达 6000 万吨。据计算，在核武器爆炸时，1 千克铀-235 全部裂变释放的能量相当于 2 万吨 TNT 释放的能量，而 1 千克氘和氚的混合物完全聚变时放出的能量大约是 1 千克铀-235 完全裂变所放出能量的 3～4 倍。

知识库——核武器的种类

目前，人们所说的核武器主要包括以下几种：

美国 20 世纪 50 年代研制出的第一颗航空投掷型氢弹——MK17 型氢弹。它重达 21 吨，大小几乎如同一个小火车头。

◆航空投掷型氢弹——MK17 型氢弹

◆中子弹

原子弹：即主要利用铀-235或钚-239等重原子核的链式裂变反应原理制成的核武器，叫裂变武器，通常称为原子弹。

氢弹：主要利用重氢（氘）、超重氢（氚）等轻原子核的热核聚变反应原理制成的武器，叫作热核武器或聚变武器，通常称为氢弹。

中子弹：又称为加强辐射弹，是在氢弹基础上发展起来的，以高能中子为主要杀伤因素，主要用来杀伤人的低当量小型氢弹。其主要特点是爆炸释放的能量不高，但核辐射很强，因而适于杀伤装甲目标内的有生力量，大幅度减少非直接攻击目标的连带毁伤，故被称为“干净的”战术核武器。

目前，原子弹、氢弹和中子弹分别被称为第一代、第二代和第三代核武器，目前尚在研制中的冲击波弹、电磁脉冲弹等武器属于第四代核武器。

和平利用核能——核电站

核电站又称原子能发电站，就是利用一座或若干座动力反应堆所产生的热能来发电或发电兼供热的动力设施。反应堆是核电站的关键设备，链式裂变反应就在其中进行。目前世界上核电站常用的反应堆有压水堆、沸水堆、重水堆和改进型气冷堆以及快堆等。但用得最广泛的是压水反

◆中国秦山核电站

应堆。压水反应堆是以普通水作冷却剂和慢化剂，它是从军用堆基础上发展起来的最成熟、最成功的动力堆堆型。

核电厂用的燃料是铀。用铀制成的核燃料在“反应堆”的设备内发生裂变而产生大量热能，再用处于高压下的水把热能带出，在蒸汽发生器内产生蒸汽，蒸汽推动汽轮机带着发电机一起旋转，电就源源不断地产生出来，并通过电网送到四面八方。为了确保压水反应堆核电厂的安全，从设计上采取了所能想到的最严密的纵深防御措施。为防止放射性物质外逸设置了四道屏障：裂变产生的放射性物质90%滞留于燃料芯块中；密封的燃料包壳；坚固的压力容器和密闭的回路系统；能承受内压的安全壳。

核电自20世纪50年代中期问世以来，目前已取得长足的发展。目前世界上有33个国家和地区有核电厂发电，核发电量占世界总发电量的17%，其中有十几个国家和地区核电发电量超过总发电量的四分之一，有的国家甚至超过70%。

拓展思考

1. 什么是强相互作用？
2. 核力的性质有哪些？
3. 核武器有哪些种类？你对核武器的研究持什么态度？
4. 核电站是和平利用核能的方式，你知道我国有哪几座核电站？

逃出原子核——弱相互作用

◆放射性衰变

19世纪末，物理学家发现，有的原子核能够自发地放出射线。后来发现，在放射现象中起作用的还有另外一种基本作用，称为弱相互作用。实验观察到的原子核的β衰变是弱相互作用现象，凡是涉及中微子的反应都是弱相互作用过程。

弱相互作用

◆衰变中的原子核分裂

弱相互作用是基本粒子之间一种特殊作用，它和强相互作用、电磁作用和万有引力作用并称为四种基本作用力。由于弱相互作用比强相互作用和电磁作用的强度都弱，故有此名，其作用范围比强相互作用还要小。

最早观察到的弱作用现象是原子核的β衰变。后来

又观察到介子、重子和轻子通过弱作用的衰变和中微子散射等弱作用过程。弱作用的力程在四种作用中是最短的，在低能过程中可以近似地看作是参与弱作用过程的粒子在同一点的作用。分析实验的结果发现，费密子在一点的弱作用（称为费密作用），是两个费密子弱作用流的耦合，所谓弱作用流相当于电磁作用的电流。耦合常数 G 与质子质量二次方的乘积是无量纲的，比电磁作用的精细结构常数小 10^3 倍。这个比例反映了两种作用在低能下强度的差别。

弱相互作用的另一个特点是对称性低。在弱相互作用中，空间反射、电荷共轭和时间反演的对称性都被破坏；同位旋、奇异数、粲数、底数等在强作用下守恒的量子数都不守恒。但是破坏时间反演的弱作用比不破坏时间反演的弱作用弱得多。

通过实验和理论的长期研究，人们已经基本了解低能有效费密作用中弱作用流的具体形式，总结建立了普适费密型弱相互作用理论。但是费密作用的场论是不可重正化的，无法计算微扰论的高阶效应。把费密作用的形式用于高能量还有其他原则性的困难，因此费密作用不能作为弱相互作用的基本理论。另一方面人们注意到弱相互作用与电磁相互作用虽然很不相同，却又有相似之处。弱作用流与电流一样是守恒的，它们之间还有以对称性相联系的关系。因此在 20 世纪 60 年代末提出了弱作用和电磁作用统一的规范理论。这种理论描述轻子和组成强子的夸克以及一些称为黑格斯粒子的自旋为零的粒子与统一的电-弱规范场的相互作用。这是一种规范对称性自发破缺的理论。理论中有一个规范粒子无质量，它是传递电磁作用的光子，其余的规范粒子得到质量，它们是传递弱作用的粒子，称为中间玻色子。这种理论把似乎没有关系的自然界的两种基本相互作用联系起来，而且是可重正化的。标准的电-弱统一规范模型与所有低能的弱作用实验结果一致。理论中预言的中间玻色子也已于 1983 年发现。因此电-弱统一规范理论正确地描述了弱相互作用。

你知道吗？

β衰变

原子核自发地放射出β粒子或俘获一个轨道电子而发生的转变。放出电子的衰变过程称为β衰变。

在β衰变中，原子核的质量数不变，只是电荷数改变了一个单位。

科技文件夹

弱相互作用的分类

弱相互作用有两种，一种是有轻子（电子 e，中微子 ν，μ 子以及它们的反粒子）参与的反应，如β衰变、μ 子的衰变以及 π 介子的衰变等；另一种是 K 介子和 Λ^{0} 超子的衰变。这两种弱相互作用的强度相同，都比强相互作用弱 10^{12} 倍，相互作用时间约为 $10^{-6}\sim10^{-8}$s。

弱相互作用的实质

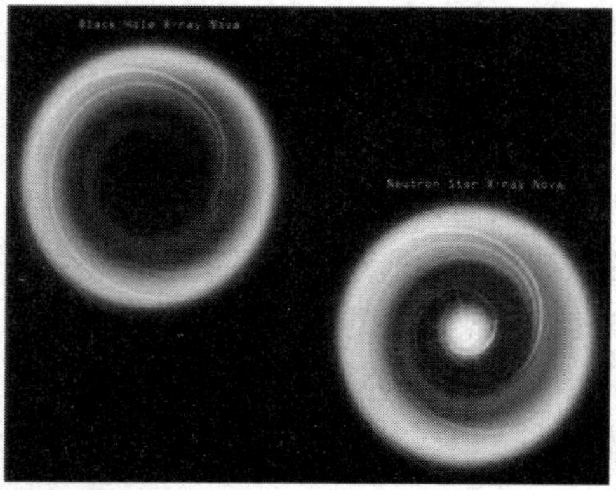

◆弱相互作用

弱相互作用，主要表现在粒子的衰变过程中。弱相互作用的实质是什么呢？

在宇宙的大循环中，所有的物质基元“游空子”皆随着大循环的进程而缓慢地增加了内部循环的速度。而这速度的增加乃是因为游空子与所经过的一个个静空子产生相互作用的结果，于是，如果是单个独立的游空子，那么它所受到的静空子的作用力便会由于是1∶1相互作用的关系而显得比较强；如果是重合游空子，则由于相互作用是一个静空子同时与多个游空子的相互作用，故其中的每一个游空子所受到的静空子的作用力便会比较弱，于是其内部循环速率的增加自然会更加缓慢。

总之，随着时间的推移，宇宙中所有游空子的内部循环都会缓慢地逐渐加快，而单个独立的游空子与重合游空子中的游空子则是其加快的速度有所不同而已；并且，游空子重合体所含的游空子数越多，则它里面的每一个游空子的内循环加速便越慢。

那么，这现象对于各种粒子的结构是否会造成影响呢？

因为各种粒子皆由游空子所构成，所以游空子内部循环的加速当然多少会影响各粒子的内部结构。可是，由于各粒子原本已有一套完整的内部循环系统，如果要让整个系统产生结构上的变化，那么游空子的内循环速度当然需要加速到一定的程度，所以，各粒子中那游空子内部缓慢的循环加速，并不能够在每一个时刻都使粒子产生结构上的变化。而如果要实现这结构上的变化，当然需要循环加速的不断积累。而这积累过程的长或短，取决于各粒子内部的结构情况（包括各游空子原有内部循环的快慢）。

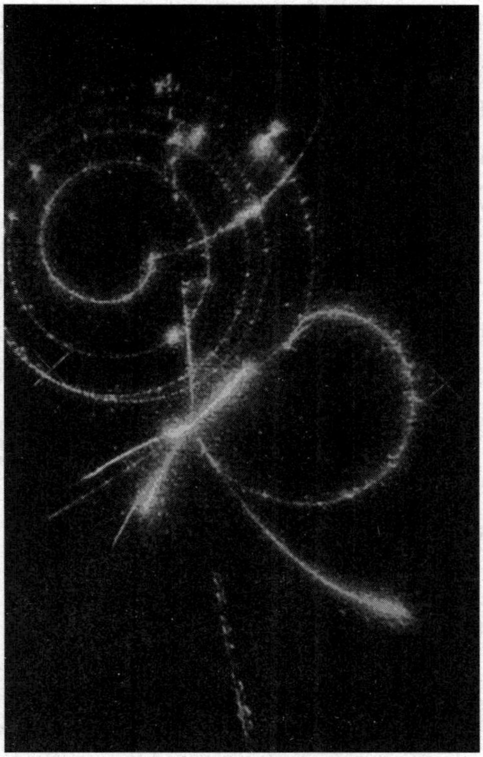
◆日内瓦欧洲粒子物理研究所拍摄的离子一介子一电子衰变链试验照片

我们知道，电子是饱和的游空子重合体，因此电子的内循环加速自然会非常的缓慢，而这正是电子寿命很久远的根本原因。

当放射性物质之原子核内的各游空子之内部循环随着宇宙大循环的进程（也即是随着时间的推移）被加速到一定的程度时，本来就较不稳定的大原子核的结构（大家知道，原子核的增大是有着极限的，一般情况下原子核越大则越不稳定）则容易受到一定的破坏，于是核内的一些游空子重合体便会脱离出来而合成新的小粒子跑了出去，并伴随着静空子的受激而产生γ射线，而那变化后的原子核则重新形成一个新的结构形式，从而完成了一次衰变的过程。于是，由于放射作用的消耗，原子核中各游空子的内循环则会慢了下来，回到本来的状态并开始走向新的衰变过程。而这正是弱相互作用的实质。

归根结底，弱相互作用乃是物质基元“游空子”与众多的空间基元“静空子”经过不断的相互作用，导致游空子内部循环加速到一定的程度而最后导致物质结构的变化。也正因为如此，所以粒子的衰变只取决于时间的进程，而与其他的种种因素（如化学作用和物理作用）统统无关。

拓展思考

1. 什么是弱相互作用？
2. 弱相互作用的实质是什么？
3. 利用互联网搜索一下弱相互作用的知识。

身边处处皆学问

——生活中的力学

物理学是一门自然科学，与我们的生活有着紧密的联系。我们的祖先在很久之前就利用力学知识来有效地提高生产效率，改善生活质量。他们利用自己的聪明才智，发明了许多实用有效的生产工具。

现今，力学更是在生活和生产中起着重要的作用。在我们的生活中每时每刻都发生着各种各样的力学现象，只要我们有一双智慧的眼睛，善于观察，善于发现，我们就会看到现象背后的科学知识。

神奇的力，改变着我们生活的方方面面，让我们一起踏上探索发现的征程吧！

向着太空出发——反冲作用

反冲运动在生产技术中是一种常见的现象。例如，炮弹发射时，炮弹向前飞出，炮身就会后退；在喷气式飞机和火箭中，燃料燃烧后生成的高温高压气体连续不断地从喷口喷出，喷气式飞机和火箭就会获得巨大的速度，并向和燃料喷出的相反方向飞行；春节时玩的礼花，也是根据这个道理上天的。

◆喷气式飞机突破音障

反冲的概念

原本静止的系统分为两部分，分别朝相反方向运动，这种现象叫反冲。反冲的特点：系统的总动量守恒且为零。

反冲运动是作用力与反作用力使物体运动的一种典型表现形式。物体由于气体、液体或固体的反作用力，都可以产生反冲运动。气球放气时之所

◆乌贼释放墨汁向后逃离险境

以能够反冲，是由于气体的反作用力造成的。当气体在气球壁压力作用下，从气球口喷出时，气体便对气球同时产生了一个反作用力，使得气球向气体喷出的相反方向飞行。

在自然界中，乌贼和水母等动物就很懂得利用反冲作用逃避险境。当乌贼遇见危险时，它立即向前喷出乌黑的墨汁，并以此得到一个相反的作用力，在“烟幕弹”的掩护下迅速逃之夭夭。

反冲的应用——喷气式飞机

◆喷气式飞机

◆EMBRAER190 喷气式飞机

螺旋桨飞机是靠螺旋桨旋转时产生的力来使飞机向前飞行的。但是当螺旋桨的转速和飞机的飞行速度达到一定程度时，就无法再靠加快螺旋桨转速使飞机更快了。而喷气式飞机所使用的喷气发动机靠燃料燃烧时产生的气体向后高速喷射的反冲作用使飞机向前飞行，它可使飞机获得更大的推力，飞得更快。特别是在1万～2万米空气比较稀薄的高空，喷气发动机更有着螺旋桨活塞发动机所无法比拟的优越性。

喷气式飞机发动机的工作原理是利用动量守恒定律和牛顿第三定律。发动机前面装有空气压缩机，现代压缩机分为7～9级，压缩机转子周围装满叶片，发动机启动后，压缩机旋转吸入外界的空气，外界的空气进入导向器以后，压缩机把气体一级一级向后压，气体的浓度越来越浓，压力也就越来越大，当气体通过最后一级后，气体压力增大很多倍。然后进入燃烧室，在燃烧室里，高压电打火，喷油燃烧，因气体中含有氧气，气体燃烧膨胀，向后喷出，燃烧室后面是涡轮，涡轮轴上装涡轮盘，涡轮盘周围装满叶片，涡轮分7～13级，通过涡轮旋转再一级一级向后压，气体通过发动机后部的涡轮一级一级压缩，压力再提高几百倍，最后，通过尾部喷口高速喷出，产生反作用力，使飞机向前飞。

小贴士——喷气式飞机的发明

◆He—178喷气式战斗机

最早发明喷气式飞机的是德国飞机设计师。1939年，飞机设计师亨克尔找到研制喷气式发动机屡遭挫折的奥海因寻求合作，两人一拍即合。奥海因是位燃气涡轮专家，他从1934年起就开始研制涡轮发动机，并取得了一定的进展，这次跟亨克尔合作非常兴奋。两位有志青年密切配合，协调工作，一个设计飞机，一个设计燃气涡轮发动机，研究工作进展顺利。1939年8月27日，两人心血的结晶He-178喷气式战斗机试飞成功，它标志着人类航空史上喷气飞行时代的到来。

反冲作用的应用——火箭

火箭是目前唯一能使物体达到宇宙速度，克服或摆脱地球引力，进入宇宙空间的运载工具。火箭是以热气流高速向后喷出，利用产生的反作用力向前运动的喷气推进装置。它自身携带燃烧剂与氧化剂，不依赖空气中的氧助燃，既可在大气中又可在外层空间中飞行。

火箭的速度是由火箭发动机工作获得的。由齐奥尔科夫斯基公式可

◆多级火箭

知，火箭的速度与发动机的喷气速度成正比，同时随火箭的质量比增大而增大。即使使用性能最好的液氢液氧推进剂，发动机的喷气速度也只能达到4.3～4.4 千米/秒。因此，单级火箭不可能把物体送入太空轨道，必须采用多级火箭，以接力的方式将航天器送入太空轨道。

◆“质子号”系列运载火箭

用于运载航天器的火箭叫航天运载火箭，用于运载军用炸弹的叫火箭武器（无控制）或导弹（有控制）。航天运载火箭一般由动力系统、控制系统和结构系统组成，有的还加遥测、安全自毁和其他附加系统。

多级火箭各级之间的联接方式，有串联、并联和串并联几种。串联就是把几枚单级火箭串联在一条直线上；并联就是把一枚较大的单级火箭放在中间，叫芯级，在它的周围捆绑多枚较小的火箭，一般叫助推火箭或助推器，即助推级；串并联式多级火箭的芯级也是一枚多级火箭。

多级火箭各级之间、火箭和有效载荷及整流罩之间，通过连接—分离机构实现连接和分离。分离机构由爆炸螺栓（或爆炸索）和弹射装置（或小火箭）组成。平时，它们由爆炸螺栓或爆炸索连成一个整体；分离时，爆炸螺栓或爆炸索爆炸，使连接解锁，然后由弹射装置或小火箭将两部分分开，也有借助前面一级火箭发动机启动后的强大射流分开的。

火箭技术是一项十分复杂的综合性技术，主要包括火箭推进技术、总体设计技术、火箭结构技术、控制和制导技术、计划管理技术、可靠性和质量控制技术、试验技术，对导弹来说还有弹头制导和控制、突防、再入

防热、核加固和小型化等弹头技术。

科技文件夹

齐奥尔科夫斯基公式

早在 1903 年齐奥尔科夫斯基就推导出单级火箭的理想速度公式，被称为齐奥尔科夫斯基公式：$V=\omega\mathrm{Ln}Mo/Mk$。

其中 ω 为发动机的喷气速度，Mo 和 Mk，分别是火箭的初始质量和发动机熄火（推进剂用完）时的质量。Mo/Mk 被称为火箭的质量比。

小知识

发射火箭时可能会产生一些不可避免的损害。国际法规定，发射载具的拥有者的国籍决定了那个国家必须为任何造成的损害负责。因此有些国家要求火箭制造者及发射者遵循特定法令去补偿及保护人员及财产可能受到的影响。

小贴士——火箭的故乡在中国

根据古书记载，“火箭”一词最早出现在公元 3 世纪的三国时代，距今已有 1700 多年的历史了。当时在敌我双方的交战中，人们把一种头部带有易燃物、点燃后射向敌方、飞行时带火的箭叫做火箭。这是一种用来火攻的武器，实质上只不过是一种带“火”的箭，在含义上与我们现在所称的火箭相差甚远。唐代发明火药之后，到了宋代，人们把装有火药的筒绑在箭杆上，或在箭杆内装上火药，点燃引火线后射出去，箭在飞行中借助火药燃烧向后喷火所产生的反冲作用使箭飞得更远，人们又把这种喷火的箭叫做火箭。这种向后喷火、利用反冲作用助推的箭，已具有现代火箭的雏形，可以称之为原始的固体火箭。

美国航空航天博物馆的墙壁上第一句话就是：最早的飞行器是中国的风筝和火箭。

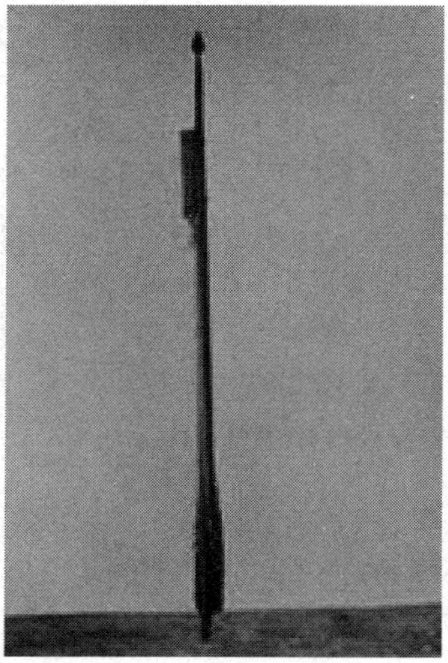

◆宋代火箭

◆火龙出水：明代《武备志》记载的多级火箭，用纸糊筒外绑第一级火箭，龙口内有第二级火箭，射出后加大射程击中敌方船舰，用于水上攻击，射程可以达到1.5千米。

一箭多星

◆“一箭多星”

“一箭多星”发射就是用一枚运载火箭同时或先后将数颗卫星送入地球轨道的发射技术。“一箭多星”是一种优越的发射方式，它能充分地利用运载火箭的运载能力，降低卫星发射成本，使相关联的多颗卫星保持密切配合。最早实现“一箭多星”的国家是美国。1960年，美国首次用一枚火箭发射了两颗卫星，1961年又实现了一箭三星，接着，前苏联多次用一枚火箭发射8颗卫星，欧洲航天局也掌握了这种发射技术。中国在1981年9月成功地用一枚“风暴”一号运载火箭将一组三颗“实践”二号卫星送入地球轨道，成为第四个独立掌握“一箭多星”发射技术的国家。如何才能用一枚火箭发射多颗卫星呢？目前国际上一箭多星的发射常用两种方式：第一种是把几颗卫星一次送入一个相同的轨道或几乎相同的轨道上；第二种是分次分批释放卫星，使每一颗卫星分别进入不同的轨道。就是说，运载火箭到达某一预定轨道速度时，先释放第一颗卫星，然后火箭继续飞行，达到另一个预定的轨道速度时，又释放第二颗卫星，依此类推，逐个把卫星送入各自的预定运行轨道。

点击——火箭的分类和组成

火箭可按不同方法分类。按能源不同，分为化学火箭、核火箭、电火箭以及光子火箭等。化学火箭又分为液体推进剂火箭、固体推进剂火箭和固液混合推进剂火箭。

按用途不同分为卫星运载火箭、布雷火箭、气象火箭、防雹火箭以及各类军用火箭等。

按有无控制分为有控火箭和无控火箭。按级数分为单级火箭和多级火箭。

按射程分为近程火箭、中程火箭和远程火箭等。

火箭的分类方法虽然很多，但其组成部分及工作原理是基本相同的。

◆和平6号气象火箭

动手做一做

小实验：模拟火箭

取两个金属小筒（最好是冰箱的废干燥过滤器）对称水平地固定在横杆两端，在筒的尾部钻一小孔，筒的下部要能放置酒精棉球。用医用注射器通过筒的小孔向内部注射适量酒精，点燃筒下面的酒精棉球，很快就可以看到从小孔中喷射出火焰，火箭模型就会飞速转动，而且发出“呼呼”的响声，十分生动形象（酒精易燃，注意安全）。

也可以取眼药水玻璃瓶，在瓶盖中心插入一段去掉珠子的圆珠笔芯管，要使瓶塞紧紧套在瓶口，然后将两玻璃瓶对称水平地固定在横杆的两端，瓶下面要能安放酒精棉球，用注射器向小瓶内注射三分之一容积的水。当点燃酒精棉球后，很快看到横杆两端玻璃瓶口喷出蒸气，转架快速旋转。也同样说明了火箭原理。

拓展思考

1. 反冲现象是怎么产生的？
2. 请你了解一下动量守恒定律和牛顿第三定律的内容。
3. 生活中有哪些例子是反冲现象的应用？
4. 利用互联网找一找关于火箭的资料，了解火箭的物理知识。

天体运行的决策者——向心力

晴朗的夜空，当你抬头仰望满天星斗时，有时会看到一种移动的星星，它像天幕上的神行太保匆匆奔忙，它们是什么星？在忙些什么？这种奇特的星星并不是宇宙间的星球，而是人类挂上天宇的明灯——人造地球卫星。它们巡天遨游，穿梭往来，忠实地为人类服务，给冷寂的宇宙增添了生气和活力。

它们之所以能够按照一定的轨道，按部就班地运行，主要是由于向心力在指挥着它们。

◆人造卫星遨游太空

向心力的概念

◆风力发电的叶轮在作圆周运动

◆花样滑冰中的圆周运动

物体作圆周运动时，沿半径指向圆心方向的合外力称为向心力。向心力的存在导致物体不断改变运动方向，从而作圆周运动。

向心力的公式是：

$$F_{向}=mr\omega^2=\frac{mv^2}{r}=\frac{4\pi^2 mr}{T^2}$$

圆周运动按照速度大小是否变化可分为匀速圆周运动和非匀速圆周运动两类。

作匀速圆周运动的物体，速度大小不变，只是方向改变，因此加速度总是指向圆心，其大小不变；合外力也总是指向圆心，大小不变。

作非匀速圆周运动的物体，速度方向和大小都要变化，它除了有指向圆心的加速度外，还有沿切线方向的加速度，所以合加速度不指向圆心，所受合外力也不指向圆心。

向心力的性质

向心力是从力的效果来命名的，因为它产生指向圆心的加速度，所以称它为向心力。它不是具有确定性质的某种类型的力。相反，任何性质的力都可以作为向心力。实际上它可以是某种性质的一个力，或某个力的分力，还可以是几个不同性质的力沿着半径指向圆心的合力。

在匀速圆周运动中，合外力不改变线速度大小，只改变线速度方向，向心力即为物体所受的合外力；在变速圆周运动中，合外力一方面要改变线速度的大小，另一方面要改变线速度的方向，所以向心力不一定等于物体所受的合外力，并且由于变速圆周运动线速度大小不恒定，所以变速圆周运动中向心力大小不恒定。

小贴士——向心力为什么没有把物体拉向圆心？

作圆周运动的物体，速度方向时刻要改变，为了改变物体速度的方向，需要一定大小的力，设想物体没有受力，那么在惯性作用下不是会沿着切线方向飞出去吗？而物体作圆周运动时，向心力的大小恰好就等于所需要的力，因而它没有“余力”把物体拉向圆心。实际上，如果向心力大于作圆周运动所需的值，就确实会把物体拉向圆心。

向心力的应用——人造卫星

地球对周围的物体有引力的作用，因而抛出的物体要落回地面。但是，抛出的初速度越大，物体就会飞得越远。牛顿在思考万有引力定律时就曾设想过，从高山上用不同的水平速度抛出物体，速度一次比一次大，落地点也就一次比一次离山脚远。如果没有空气阻力，当速度足够大时，物体就永远不会落到地面上来，它将围绕地球旋转，成为一颗绕地球运动的人造地球卫星，简称人造卫星。

人造卫星是环绕地球在空间轨道上运行的无人航天器。人造卫星基本

◆人造卫星

按照天体力学规律绕地球运动，但因在不同的轨道上受非球形地球引力场、大气阻力、太阳引力、月球引力和光压等作用的影响，实际运动情况非常复杂。人造卫星是发射数量最多、用途最广、发展最快的航天器。人造卫星发射数量约占航天器发射总数的 90%以上。

广角镜——第一颗人造卫星

◆第一颗人造卫星改变了世界

1957 年 10 月 4 日，前苏联发射了第一颗人造地球卫星。这一事件具有划时代的意义，它宣告人类已经进入空间时代。

第一颗人造地球卫星呈球形，直径 58 厘米，重 83.6 千克。它沿着椭圆轨道飞行，每 96 分钟环绕地球一圈。人造地球卫星内带着一台无线电发报机，不停地向地球发出“嘀—嘀—嘀”的信号。一些人围着收音机，侧耳倾听着初次来自太空的声音；另一些人则仰望天空，试图用肉眼在夜晚搜索人造地球卫星明亮的移动光点。但是，当时很少有人了解人造地球卫星是载人宇宙飞船的前导，科学家正在加紧准备载人空间飞行。

一个月后，1957 年 11 月 3 日，前苏联又发射了第二颗人造地球卫星，它的重量增加了 5 倍多，达到 508 千克。这颗卫星呈锥形，为了在卫星上节省出位置增设一个密封生物舱，不得不把许多测量仪器移到最末一节火箭上去。在圆柱形的舱内安然静卧着一只名叫“莱伊卡”的小狗。小狗身上连接着测量脉搏、呼吸、血压的医学仪器，通过无线电随时把这些数据报告给地面。为了使舱内空气保持新鲜清洁，还安装了空气再生装置和粪便排泄的处理装置。舱内保持一定的温度和湿度，使小狗感到舒适。另外还有一套自供食装置，一天三次定时点亮信号灯，通知莱依卡用餐。使人遗憾的是，由于当时技术水平的限制，这颗卫星无法收回，试验狗在卫星生物舱内生活了一个星期，完成全部实验任务后，只好让它服毒自杀，成为宇航飞行中的第一个牺牲者。

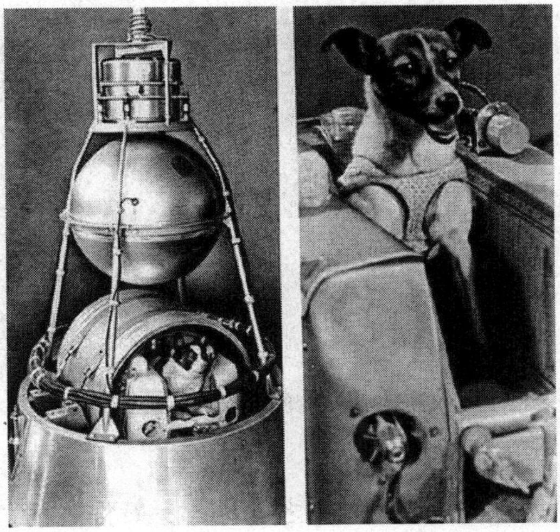

◆小狗“莱伊卡”永留太空

人造卫星的种类

人造卫星的组成基本上可分为“卫星本体”及“酬载”两部分。酬载就是卫星用来做实验或服务的仪器，卫星本体为维持酬载运作的载具。卫星的用途依其所携带的酬载而定。

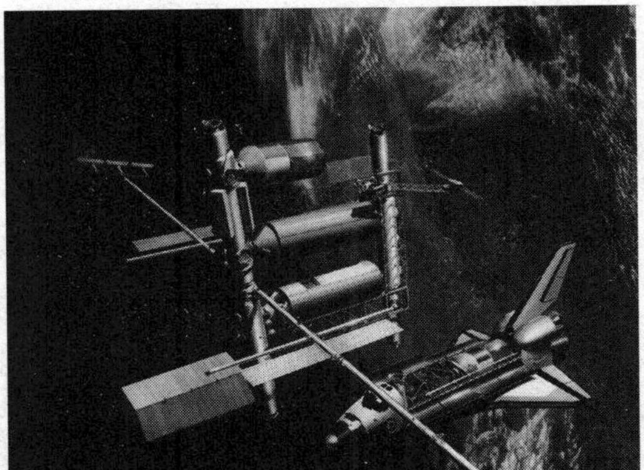

◆气象卫星

人造卫星的优点在于能同时处理大量的资料及能传送到世界任何角落，使用三颗通信卫星即能覆盖全球各地的通信及电视直播。依使用目的，人造卫星大致可分为下列几类：

科学卫星：送入太空轨道，进行大气物理、天文物理、地球物理等实验或测试的卫星，如中华卫星一号、哈勃卫星等。

◆星际卫星

通信卫星：作为电信中继站的卫星，如：亚卫一号。

军事卫星：作为军事照相、侦察之用的卫星。

气象卫星：摄取云层图和有关气象资料的卫星。

资源卫星：摄取地表或深层组成之图像，作为地球资源勘探之用的卫星。

星际卫星：可航行至其他行星进行探测照相之卫星，一般称之为“行星探测器”，如先锋号、火星号、探路者号等。

人造卫星的运行轨道

地球拥有 4 种轨道：顺行轨道、逆行轨道、赤道轨道和极地轨道。

顺行轨道的特点是轨道倾角即轨道平面与地球赤道平面的夹角小于 90 度。在这种轨道上运行的卫星，绝大多数离地面较近，高度仅为数百千米，故又将其称为近地轨道。我国地处北半球，要把卫星送入这种轨道，运载火箭要朝东南方向发射，这样就能够利用地球自西向东自转的部分速度，从而节约火箭的能量。地球自转速度可以通过赤道自转速度、发射方位角和发射点地理纬度计算出来。不难想象，在赤道上朝着正东方向发射

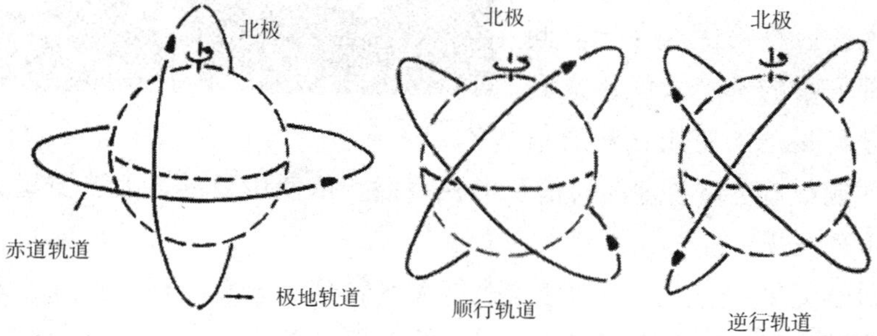

◆地球卫星轨道

卫星，可利用的速度最大，纬度越高能用的速度越小。

◆采用顺行轨道的北斗导航试验卫星一号

逆行轨道的特征是轨道倾角大于 90 度。欲把卫星送入这种轨道运行，运载火箭需要朝西南方向发射。不仅无法利用地球自转的部分速度，而且还要付出额外能量克服地球自转。因此，除了太阳同步轨道外，一般都不利用这类轨道。

由于地球表面不是理想的球形，其重力分布也不均匀，使卫星轨道平面在惯性空间中不断变动。具体地说，地球赤道部分有些鼓胀，对卫星产生了额外的吸引力，给轨道平面附加了一个力矩，使轨道平面慢慢进动，进动方向与轨道倾角有关。当轨道倾角大于 90 度时，力矩是逆时针方向的，轨道平面由西向东进动。适

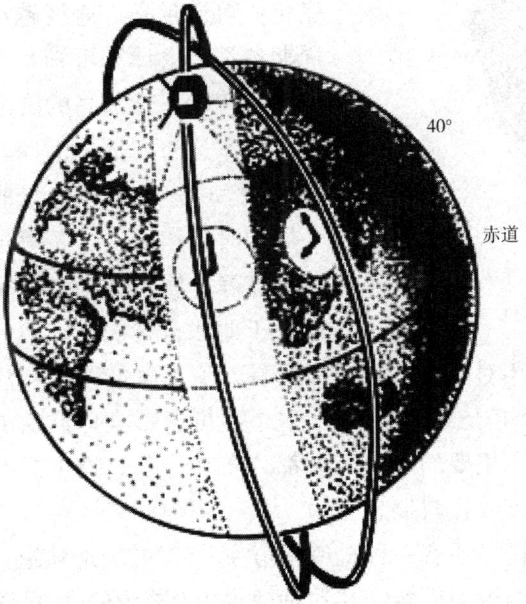

太阳同步轨道上的卫星经过同一纬度的当地时间相同

◆太阳同步轨道

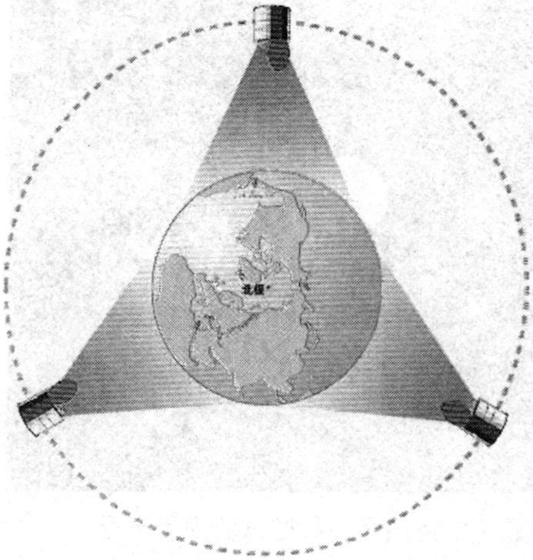

◆用三颗同步卫星就可以实现全球通信

◆美国铱星

当调整卫星的轨道高度、倾角和形状，可使卫星轨道平面的进动角速度每天东进 0.9856 度，恰好等于地球绕太阳公转的日平均角速度，这就是应用价值极大的圆形太阳同步轨道。在太阳同步轨道上运行的卫星，可在相同的时间和光照条件下观察卫星云层和地面目标。气象、资源、侦察等应用卫星大多采用这类轨道。

赤道轨道的特点是轨道倾角为 0 度，卫星在赤道上空运行。这种轨道有无数条，但其中的一条地球静止轨道具有特殊的重要地位。由于卫星飞行速度随距地面的高度而变化，轨道越高，速度越小，环绕周期越长，由计算可知，当其在赤道上空 35786 千米高的圆形轨道上由西向东运行 1 周的时间，恰好是 23 小时 56 分 4 秒，正与地球自转一周的时间相同，这条轨道就被称为地球静止轨道。因为卫星环绕周期等于地球自转周期，两者方向又一致，故相互之间保持相对静止。从地面上看，卫星犹如固定在赤道上空某一点。在静止轨道上均匀分布 3 颗通信卫星即可进行全球通信的科学设想早已变为现实。世界上主要的通信卫星都分布在这条轨道上。有的气象卫星、预警卫星也被送入静止轨道。

就卫星轨道类型来说，还有一种轨道倾角为 90 度的极地轨道。它是因轨道平面通过地球南北两极而得名。在这种轨道上运行的卫星可以飞经地球上任何地区上空。我国虽未研制运行于此类轨道的卫星，但发射过此类轨道的卫星。长征二号丙改进型火箭以一箭双星的方式6次从太原卫星发射中心起飞，把12颗美国铱星送入太空，就属于这种发射方式。

小贴士——中国第一颗人造卫星

1970年4月24日，"长征"一号运载火箭成功地将我国第一颗人造卫星"东方红"一号送入太空。卫星轨道的近地点高度是436千米，远地点高度为2384千米，轨道平面与地球赤道的平面夹角为68.5°，绕地球一圈需要114分钟。卫星质量为173千克，用20.009MHz的频率播放"东方红"乐曲。

◆中国第一颗人造卫星东方红一号

地球同步卫星

卫星运行周期与地球自转周期相同的轨道称为地球同步卫星轨道，简称同步轨道。而在无数条同步轨道中，有一条圆形轨道，它的轨道平面与地球赤道平面重合，在这个轨道上的所有卫星，从地面上看都像是悬在赤道上空静止不动，这样的卫星称为地球静止轨道卫星，简称静止卫星，这条轨道就称为地球静止卫星轨道，简称静止卫星轨道，高度大约

◆地球同步卫星

◆地球同步卫星

是 35800 千米。

人们通常简称的同步轨道卫星一般指的是静止卫星。静止卫星的发射要比低轨道卫星难得多。其一，需要大推力运载火箭；其二，卫星的发射过程比较复杂，需要有高超的测控技术。

发射静止卫星一般用三级火箭，卫星本身还装有远地点发动机，整个发射过程要经过三次轨道变换，卫星才能到达预定的位置。运载火箭的第一级和第二级首先把卫星连同第三级火箭送入100～200千米高的圆形轨道，称为停泊轨道．然后第三级火箭分两次点火，把卫星送入远地点在赤道上空约 35800 千米的椭圆轨道，称为转移轨道。

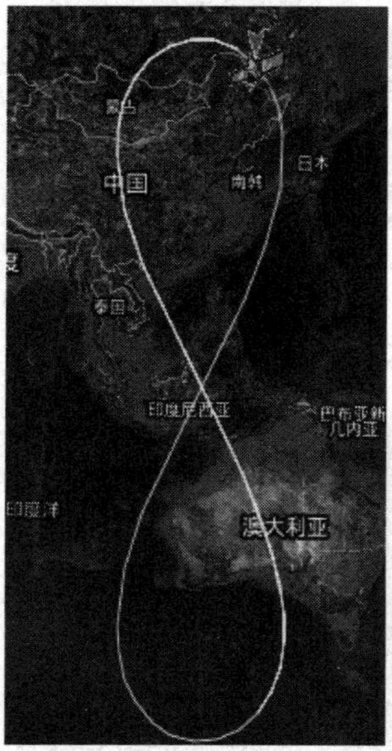

◆“8”字形的星下点轨迹

卫星在转移轨道上运行的过程中，由地面测控中心控制，调整卫星姿态，在到达远地点时，指令远地点发动机点火，把卫星送入准静止轨道。卫星由地面控制，经过一段时间飘移，最后定点在预定位置．这个位置可用经度表示，例如我国的“东方红”三号通信卫星是定位在东经 125°。

事实上，静止卫星轨道不完全是圆形，带有一点椭圆形，在一天当中轨道半径时大时小，轨道半径偏大时，卫星速度减小，其相对地球就要向西漂移，否则要向东漂移。另外卫星的轨道倾角也不正好为 0°，这时卫星作南北漂移。若卫星轨道有点椭圆形，又有一点倾角，则卫星星下点轨迹是上面两种结果的合成，使得每天星下点轨迹为“8”字形。

科技文件夹

静止卫星的发射

没有高超的火箭技术和遥测控制技术，发射不了静止卫星。目前世界上只有美国、俄罗斯、法国、中国和日本等几个国家能独立发射这种卫星。

因为静止卫星位于赤道上空，所以它的发射场越靠近赤道越好，以便节省发射卫星所消耗的能量。例如在我国，静止卫星都是在西昌发射中心发射而不在太原或酒泉发射中心发射，法国的卫星发射场建在赤道附近的法属圭亚那而不在法国本土，道理就在于此。

失重现象

失重是人们在自由下落过程中所经历的一种现象，但是航空器在轨道上的失重不是重力消失或大幅度减小的结果。失重现象主要发生在轨道上或太空内或进行抛物线飞行的飞机内，或人的自由下降等情况下。物体对支持物的压力小于物体所受重力的现象叫失重，也就是视重小于实际所受重力。当近地物体的加速度向下时，其视重小于实际所受重力，我们就称其处于失重状态；当物体以加速度 g 向下加速运动时（自由落体），我们称它处于完全失重状态。

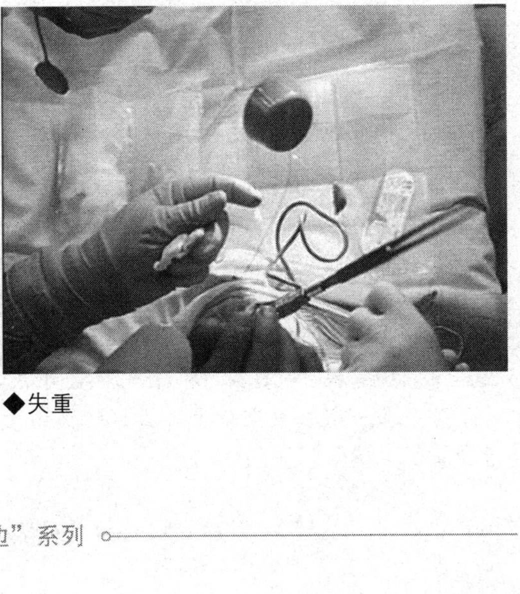
◆失重

在环绕地球飞行的飞船上，失重的原因是向心加速度为 g，当速度达到第一宇宙速度，能够环绕地球飞行时，发生这种失重。如果我们把地球比作环绕太阳飞行的飞船，我们也是处于相对太阳的“失重”状态，因为地球万物没有受到太阳“重力”的影响。

人在失重时的状况

◆人在完全失重的环境下

平衡是我们最常见的物体的一种受力状态。但是，力的平衡与失重完全是两回事。例如，人站在地上，坐在椅子上，躺在床上，乘坐飞机匀速飞行等，都是处于力的平衡状态，但并不失重。因为在这些情况下，人体内部各部分之间都存在相互的作用力。

真正的失重模拟，应使人体各部分特别是体内器官、内脏之间互相作用力消失。在这种情况下，人的前庭器官中的耳石由于失重，不再与周围的神经细胞接触而向中枢神经传输信号，从而丧失定向功能。前庭器官与人体主管呼吸、消化、循环、排泄、发汗等功能的植物神经系统有密切关系。所以，一旦前庭器官不起作用，身体内脏之间正常的相互作用消失；就会引起航天飞行员产生头晕、恶心、呕吐等症状。

轶闻趣事——宇航员称体重

在太空失重的情况下，宇航员是如何称体重的呢？

宇航员在空间站上称体重时，首先站在一个位于杠杆上的踏板上，使踏板上的一根弹簧压缩，然后借助一种专门扳手的帮助松开弹簧，使弹簧发生振动。测量仪通过测量弹簧的振动幅度，即可测量出宇航员的体重。

这种体重测量仪是俄专家专门为在太空工作的宇航员称体重而开发出的。早在1974年，前苏联宇航员在“礼炮—3”空间站工作时就开始使用这种仪器测量体重。

宇航员一般在太空行走之后，往往由于消耗大量能量而导致体重减轻2～4千克。

失重和宇宙开发

人造地球卫星、宇宙飞船、航天飞机进入轨道后，其中的人和物将处于失重状态。人造地球卫星、宇宙飞船、航天飞机等航天器进入轨道后，可以认为是绕地球作圆周运动，作圆周运动的物体，速度的方向是时刻改变的，因而具有加速度，它的大小等于卫星所在高度处重力加速度的大小。这跟在以重力加速度下降的升降机中发生的情况类似，航天器中的人和物都处于完全失重状态。

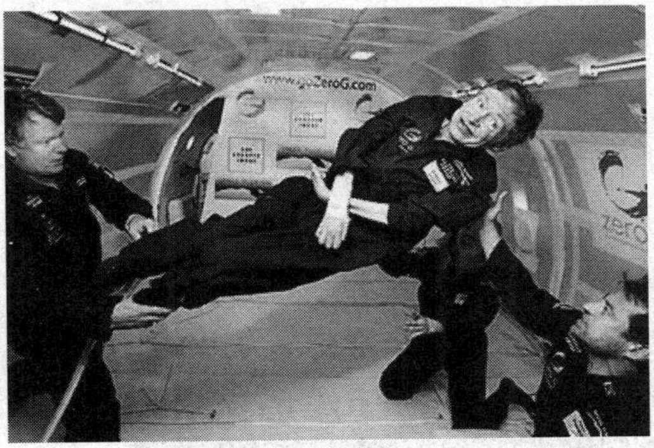

◆物理学家霍金体验失重

你能够想象出完全失重的条件下会发生什么现象吗？你设想地球上一旦重力消失，会发生什么现象，在宇宙飞船中就会发生什么现象。物体将飘在空中，液滴呈绝对球形，气泡在液体中将不上浮。宇航员站着睡觉和躺着睡觉一样舒服，走路务必小心，稍有不慎，将会“上不着天，下不着地”。食物要做成块状或牙膏似的糊状，以免食物的碎渣“漂浮”在空中进入宇航员的眼睛、鼻孔……你还可以继续发挥你的想象力，举出更多的现象来。

◆宇航员在太空中

在失重条件下，融化了的金属的液滴，形状呈绝对球形，冷却后可以成为理想的滚珠。而在地面上，用现代技术制成的滚珠，并不呈绝对球形，这是造成轴承磨损的重要原因之一。

玻璃纤维是现代光纤通信的主要部件。在地面上，不可能制造很长的玻璃纤维，因为没等到液态的玻璃丝凝固，由于它受到重力，将被拉成小段。而在太空的轨道上，将可以制造出几百米长的玻璃纤维。

在太空的轨道上，可以制成一种新的泡沫材料即泡沫金属。在失重条件下，在液态的金属中通以气体，气泡将不“上浮”，也不“下沉”，均匀地分布在液态金属中，凝固后就成为泡沫金属，这样可以制成轻得像软木塞似的泡沫钢，用它做机翼，又轻又结实。

同样的道理，在失重条件下，混合物可以均匀地混合，由此可以制成地面上无法得到的特种合金。

电子工业、化学工业、核工业等部门，对高纯度材料的需求不断增加，其纯度要求为“6 个 9”至“8 个 9”，即 99.9999%～99.999999%。在地面上，冶炼金属需在容器内进行，总会有一些容器的微量元素渗入到被冶炼的金属中．而在太空中的“悬浮冶炼”，是在失重条件下进行的，不需要用容器，消除了容器对材料的污染，可获得纯度极高的产品。

电子技术中所用的晶体，在地面上生长时，由于受重力影响，晶体的大小受到限制，而且要受到容器的污染。而在失重条件下，晶体的生长是

◆光纤

均匀的，生长出来的晶体也要大得多。在不久的将来，如能在太空建立起工厂，生产出砷化镓的纯晶体，它要比现有的硅晶体优越得多，将会引起电子技术的重大突破。

这里所举的事例，虽然还没有完全实现，但科学家们正在努力探索，也许不久的将来就会实现。

拓展思考

1. 什么是向心力？向心力做功吗？
2. 人造卫星为什么能绕地球不停转动而不掉下来？
3. 人造卫星有哪几种运行轨道？
4. 失重现象是怎样产生的？想象一下失重的情况下会有什么现象发生？

四两拨千斤——杠杆

古希腊科学家阿基米德有这样一句流传千古的名言："假如给我一个支点，我就能撬起地球。"这句话不仅是催人奋进的警句，更向我们展示了杠杆的神奇作用。

◆阿基米德的理想

杠杆广泛存在于我们的生活中，剪刀、钳子、开瓶器、锤子、轮轴，甚至当举起重物的时候，我们的手臂也是在运用杠杆原理。有了杠杆，四两拨千斤就不是问题！

杠杆的概念

物理学中把在力的作用下可以围绕固定点转动的坚硬物体叫做杠杆。杠杆绕着转动的固定点叫做支点，推动杠杆运动的力叫做动力，阻碍杠杆运动的力叫做阻力。支点到动力的作用线之间的距离叫做动力臂，支点到阻力的作用线之间的距离叫做阻力臂。

动力臂长于阻力臂的杠杆是省力杠杆，阻力臂长于动力臂的是费力杠杆，动力臂和阻力臂长度相等的杠杆是等臂杠杆。

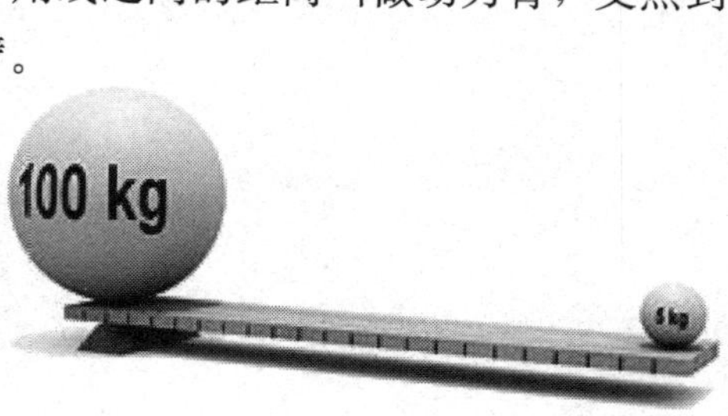

◆杠杆

杠杆是六种简单机械之一，对杠杆的研究可以追溯到公元前 3 世

纪的古希腊科学家阿基米德。

杠杆原理

杠杆原理也叫“杠杆平衡条件”。要使杠杆平衡，作用在杠杆上的两个力的大小跟它们的力臂成反比。

即：动力×动力臂＝阻力×阻力臂，用代数式表示为：

$F_1 \times L_1 = F_2 \times L_2$。

式中，F_1 表示动力，L_1 表示动力臂，F_2 表示阻力，L_2 表示阻力臂。

从上式可看出，欲使杠杆达到平衡，动力臂是阻力臂的几倍，动力就是阻力的几分之一。

◆杠杆的力量

杠杆原理的发现历程

阿基米德在《论平面图形的平衡》一书中最早提出了杠杆原理。他首先把杠杆实际应用中的一些经验知识当作“不证自明的公理”，然后从这些公理出发，运用几何学通过严密的逻辑论证，得出了杠杆原理。这些公理是：①在无重量的杆的两端离支点相等的距离处挂上相等的重量，它们将平衡；②在无重量的杆的两端离支点相等的距离处挂上不相等的重量，重的一端将下倾；③在无重量的杆的两端离支点不相等距离处挂上相等重量，距离远的一端将下倾；④一个重物的作用可以用几个均匀分布的重物的作用来代替，只要重心的位置保持不变。相反，几个均匀分布的重物可以用一个悬挂在它们的重心处的重物来代替；⑤相似图形的重心以相似的方式分布……

正是从这些公理出发，在“重心”理论的基础上，阿基米德发现了杠

◆阿基米德

杆原理，即“二重物平衡时，它们离支点的距离与重量成反比。”阿基米德对杠杆的研究不仅仅停留在理论方面，而且据此原理还进行了一系列的发明创造。据说，他曾经借助杠杆和滑轮组，使停放在沙滩上的桅船顺利下水；在保卫叙拉古免受罗马海军袭击的战斗中，阿基米德利用杠杆原理制造了远、近距离的投石器，利用它射出各种飞弹和巨石攻击敌人，曾把罗马人阻于叙拉古城外达3年之久。

轶闻趣事——阿基米德的故事

◆阿基米德

公元前1500年左右，在埃及就有人用杠杆来抬起重物，不过人们不知道它的道理。阿基米德潜心研究了这个现象并发现了杠杆原理。

在阿基米德发现杠杆原理之前，是没有人能够解释的。当时，有的哲学家在谈到这个问题的时候，一口咬定说，这是“魔性”。阿基米德却不承认是什么“魔性”。

阿基米德确立了杠杆定律后，就推断说，只要能够取得适当的杠杆长度，任何重量都可以用很小的力量举起来。据说他曾经说过这样的豪言壮语：“给我一个支点，我就能撬起地球。”叙拉古国王听说后，对阿基米德说：“凭着宙斯起誓，你说的事真是奇怪，阿基米德！”阿基米德向国王解释了杠杆的特性以后，国王说：“到哪里去找一个支点，把地球撬起来呢？”

“这样的支点是没有的。”阿基米德回答说。

“那么，要叫人相信力学的神力就不可能了？”国王说。

“不，不，你误会了，陛下，我能够给你举出别的例子。”阿基米德说。

国王说：“你太吹牛了！你替我推动一样重的东西，看你讲的话怎样。”当时国王正有一个困难的问题，就是他替埃及国王造了一艘很大的船。船造好后，动员了叙拉古全城的人，也没法把它推下水。阿基米德说：“好吧，我替你来推这一只船吧。”

阿基米德离开国王后，就利用杠杆和滑轮的原理，设计、制造了一套巧妙的机械。把一切都准备好后，阿基米德请国王来观看大船下水。他把一根粗绳的末端交给国王，让国王轻轻拉一下。顿时，那艘大船慢慢移动起来，顺利地滑下了水里，国王和大臣们看到这样的奇迹，好象看耍魔术一样，惊奇不已！于是，国王信服了阿基米德，并向全国发出布告：“从此以后，无论阿基米德讲什么，都要相信他……”

生活中的杠杆

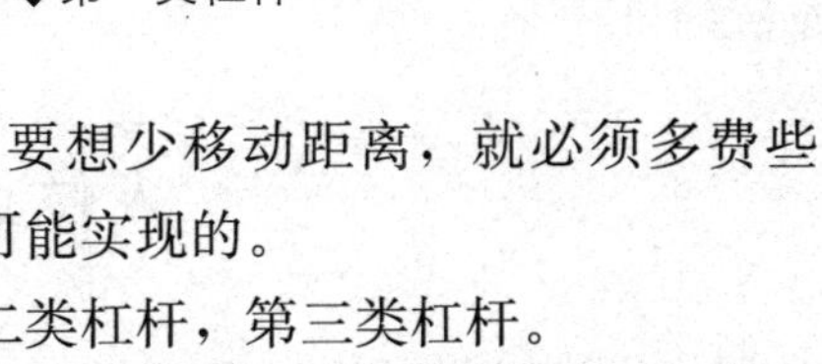

◆第一类杠杆

在我们日常使用的机械中，有很多是利用杠杆原理做成的。在使用杠杆时，为了省力，就应该用动力臂比阻力臂长的杠杆；如欲省距离，就应该用动力臂比阻力臂短的杠杆。因此使用杠杆可以省力，也可以省距离。但是，要想省力，就必须多移动距离；要想少移动距离，就必须多费些力。要想又省力而又少移动距离，是不可能实现的。

杠杆可分为三类：第一类杠杆，第二类杠杆，第三类杠杆。

第一类杠杆：支点在动力点和阻力点的中间，称为第一类杠杆。既可能是省力的，也可能是费力的，主要由支点的位置决定，或者说由臂的长度决定。例：跷跷板，剪刀，船桨，（运煤气罐等重物的）手推车，鞋拔子，塔吊，撬钉扳手等。

第二类杠杆：阻力点在动力点和支点中间，称为第二类杠杆。由于动

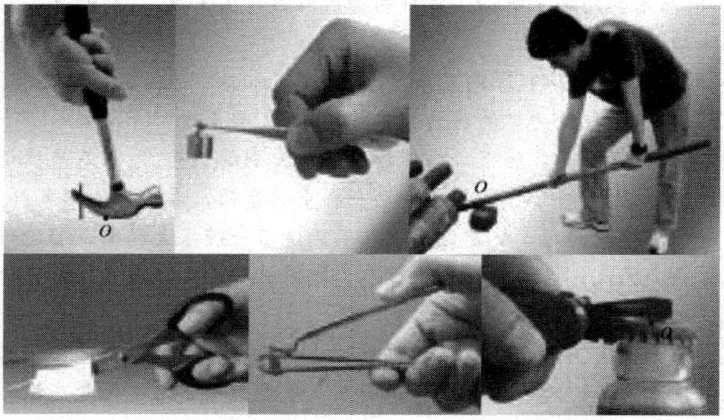

◆生活中的杠杆

力臂总是大于阻力臂，所以它是省力杠杆。例：坚果夹子，门，钉书机，跳水板，扳手，开（啤酒）瓶器，（运水泥、砖的）手推车。

第三类杠杆：动力点在支点和阻力点之间，称为第三类杠杆。特点是动力臂比阻力臂短，所以这类杠杆是费力杠杆，然而能够节省距离。例：镊子，手臂，下颚，鱼竿，皮划艇的桨，以及锹、扫帚、球棍等以一手为支点、一手为动力的器械。

另外，像轮轴这类的工具也属于一种变形杠杆。就拿最简单、相似于第一类杠杆的定滑轮来说，滑轮轴心好比支点，两边绳子的拉力一个作为动力，另一个作为阻力。如果滑轮是一个完美的圆，动力臂和阻力臂都将是圆的半径。

人体内的杠杆

在人体中有许许多多的杠杆在起作用，拿起一件东西，弯一下腰，甚至翘一下脚尖都是人体的杠杆在起作用，其中，大部分为费力杠杆，也有小部分是等臂和省力杠杆。

点一下头或抬一下头是靠杠杆的作用，杠杆的支点在脊柱之顶，支点前后各有肌肉，头颅的重量是阻力。支点前后的肌肉配合起来，有的收缩有的拉长，形成低头或仰头，低头比仰头要省力。

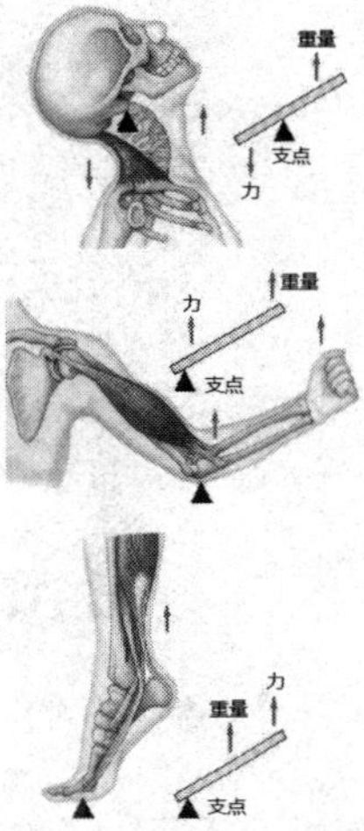

◆人体内的杠杆

当曲肘把重物提起来的时候，手臂也是一个杠杆。肘关节是支点，支点左右都有肌肉。这是一种费力杠杆，举起一份的重量，肌肉要花费6倍以上的力气，虽然费力，但是可以省一定距离。

当你把脚尖翘起来的时候，是脚跟后面的肌肉在起作用，脚尖是支点，体重落在两者之间。这是一个省力杠杆，肌肉的拉力比体重要小。而且脚越长越省力。

如果你弯一下腰，肌肉就要付出接近1200牛顿的拉力。这是由于在腰部肌肉和脊骨之间形成的杠杆也是一个费力杠杆。所以在弯腰提起重物时，正确的姿式是尽量使重物离身体近一些，以避免肌肉被拉伤。

历史财富——中国历史上关于杠杆的记载

◆墨子

◆墨经

在我国历史上也早有关于杠杆的记载。战国时代的墨子曾经总结过这方面的规律，在《墨经》一书中就有两条专门记载杠杆原理的。一条说："衡木，加

◆中国古代的秤

重焉而不挠，极胜重也；右校交绳，无加焉而挠，极不胜重也。”意思是说：在横杆的一端加上重物而不致发生偏转（“挠”），那一定是预先固定有石块的一端（即“极”）的转矩，足以胜任重物一端的转矩。此时如果把支点（“交绳”）移近“极”端，即不必另加重物也可以使杠杆偏转，这时是“极”的转矩不能胜任重物的转矩。

另外一条是专门从杠杆原理讨论天平与杆秤的。条文是这样的：“衡木：加重于其一旁必捶——重相若也。相衡：则本短标长，两加焉，重相若，则标必下——标得权也。”这段文字上半是说天平的。意思是：天平横梁的一臂加重物，另一臂必得加砝码（“必捶”），两者必须等重，才能平衡。下半是说杆秤的。意思是说：杆秤的提纽到重物的一臂（“本”）比较短，提纽到秤锤的臂（“标”）比较长，如果两边等重，秤锤一边必下落。为什么呢？因为秤锤对“标”一边的作用过大了。

◆桔槔

这两条对杠杆的平衡条件说得很全面：有等臂的，有不等臂的；有改变两端重力使它转动的，也有改变两端长度使它转动的。这样的记载，在世界物理学史上都是非常有价值的。而且墨子的发现比阿基米德还早了约200年。

滑　轮

◆使用定滑轮改变力的方向

◆定滑轮

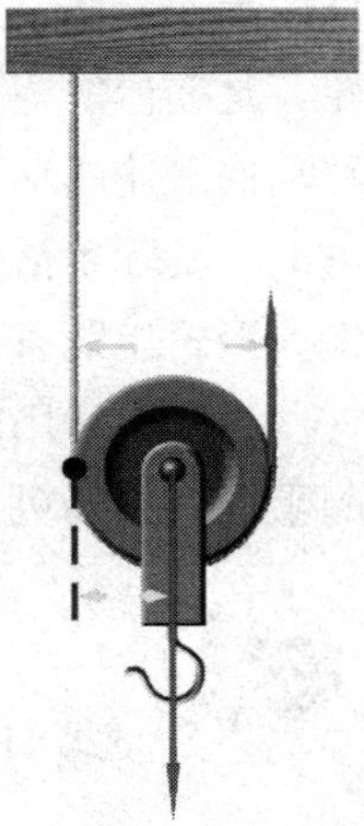

◆动滑轮

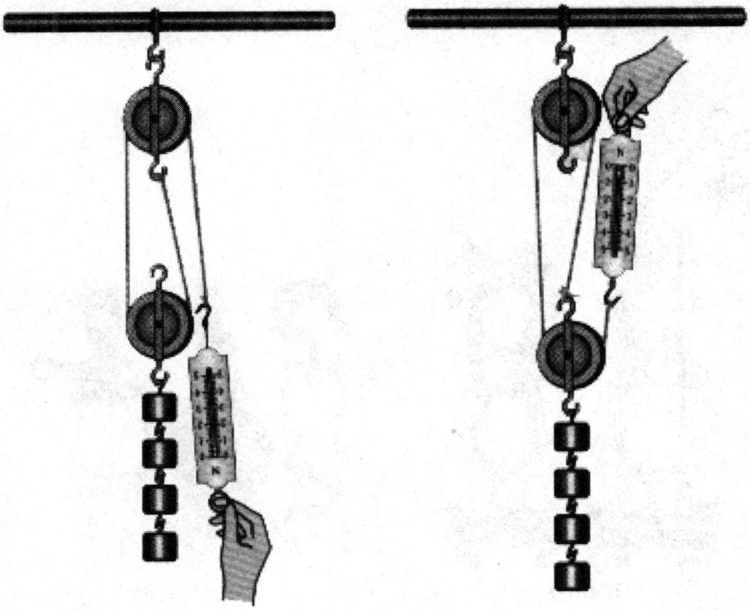

◆滑轮组

由可绕中心轴转动有沟槽的圆盘和跨过圆盘的柔索（绳、胶带、钢索、链条等）所组成的可以绕着中心轴转动的简单机械叫做滑轮。

滑轮是变形杠杆，属于杠杆类简单机械，用途很广。我国早在战国时期的著作《墨经》中就有关于滑轮的记载。中心轴固定不动的滑轮叫定滑轮，是变形的等臂杠杆，不省力但可以改变力的方向。中心轴跟重物一起移动的滑轮叫动滑轮，是变形的不等臂杠杆，能省一半力，但不改变力的方向。实际生活中常把一定数量的动滑轮和定滑轮组合成各种形式的滑轮组。滑轮组既省力又能改变力的方向。

工厂中常用的差动滑轮（俗称手拉葫芦）也是一种滑轮组。滑轮组在起重机、卷扬机、升降机等机械中得到广泛应用。

小贴士——各种用途的滑轮

由于在工农业生产中滑轮的广泛应用，滑轮的形状是多种多样的。下面介绍具有不同用途的滑轮。

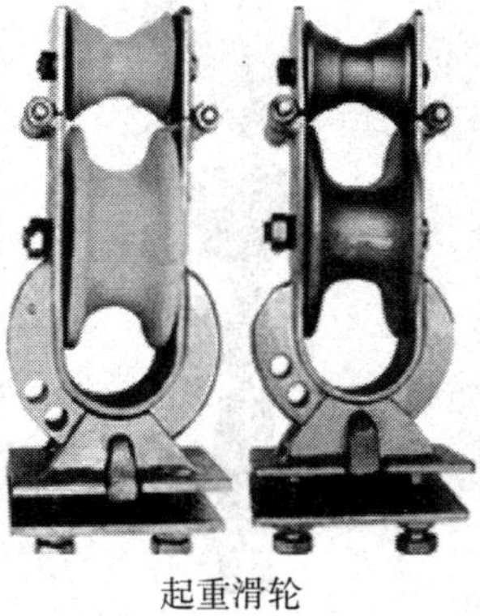

起重滑轮

吊式电缆滑轮

朝天放线滑轮

双轮放线滑轮

转角滑轮

吊点滑轮

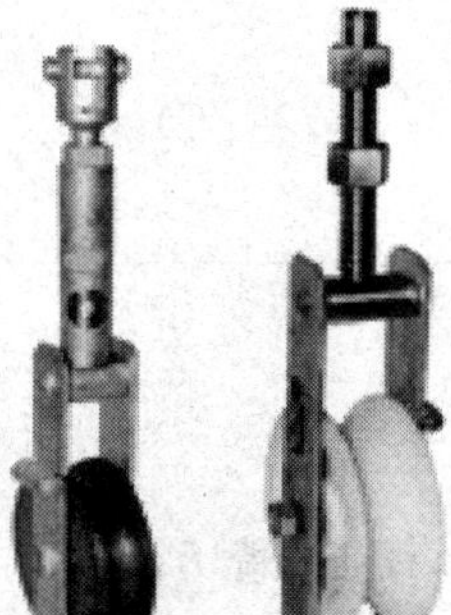

可调式地线滑轮

地缆滑轮

井口、井底滑轮

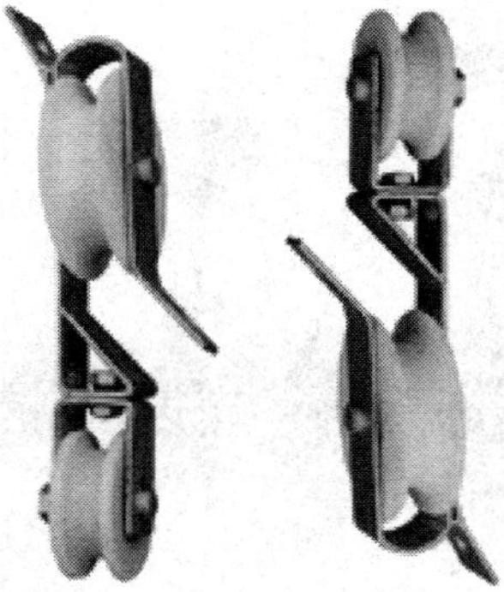

翻转滑轮

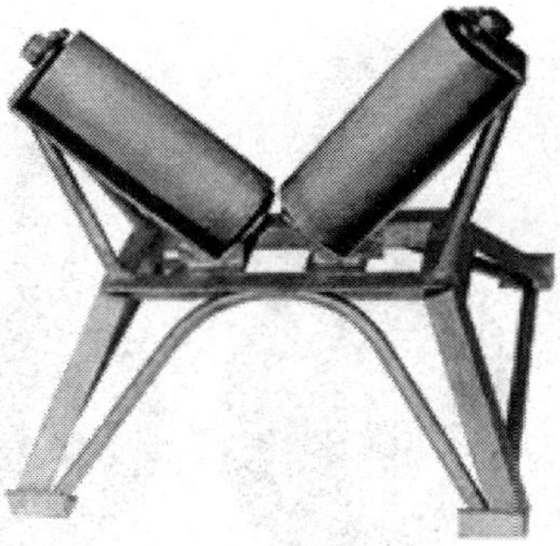

电缆滑轮

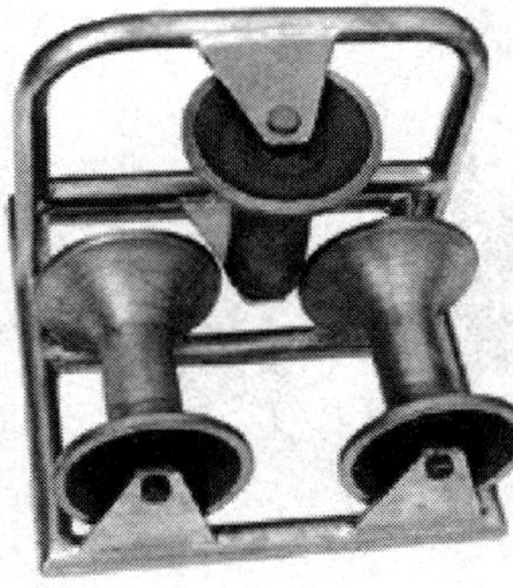

三轮电缆滑轮

拓展思考

1. 什么是杠杆？杠杆原理是怎样的？
2. 杠杆原理是如何被发现的？
3. 生活中有哪些杠杆的实例？它们是省力杠杆还是费力杠杆？
4. 滑轮也是一种变形的杠杆，请你设计几个可以应用的滑轮组。

流体力学的基石
——伯努利定理

在一个流体系统，比如气流、水流中，流速越快，压强就越小，这就是被称为“流体力学之父”的丹尼尔·伯努利 1738 年发现的“伯努利定理”。这个压强产生的力量是巨大的，空气能够托起沉重的飞机，就是利用了伯努利定理。飞机机翼的上表面是流畅的曲面，下表面则是平面。这样，机翼上表面的气流速度就大于下表面的气流速度，所以机翼下方气流的压强就大于上方气流的压强，飞机就被这巨大的压强差形成的压强差形成的压力差“托住”了。

◆压力差“托起”飞机

伯努利定理

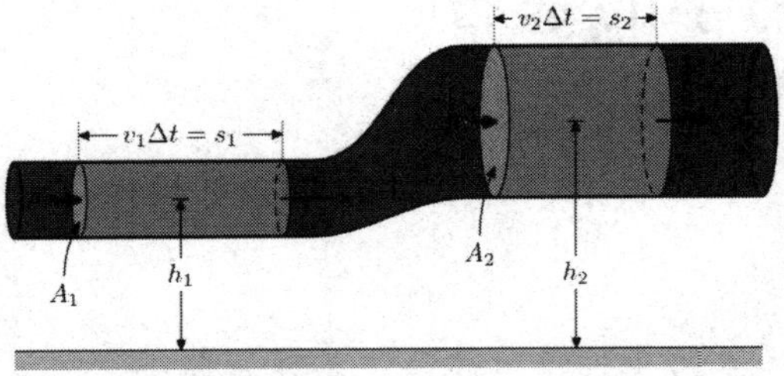

◆流体的连续性定理

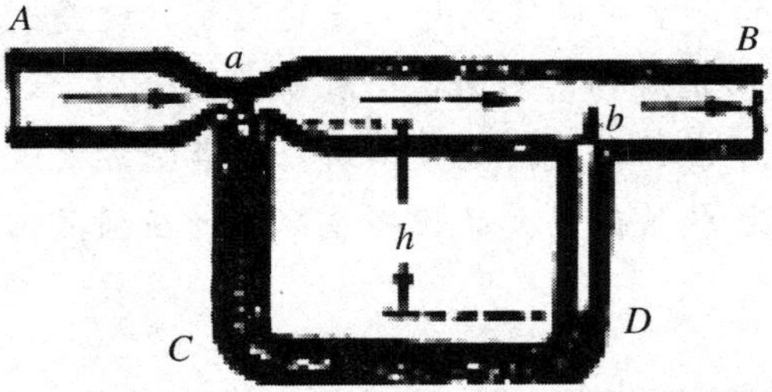

◆伯努利原理图解

在流体力学中，流体的连续性定理和伯努利定理有着非常重要的地位。在很多流体问题中，这两大定理都是问题本质的基石。

流体的连续性定理：当流体连续不断而稳定地流过一个粗细不等的管道时，由于管道中任何一部分的流体都不能中断或挤压，因此在同一时间内，流进任一切面的流体的质量和从另一切面流出的流体质量是相等的。

连续性定理阐述了流体在流动中流速和管道切面之间的关系。流体在流动中，不仅流速和管道切面相互联系，而且流速和压力之间也相互联系。被称为“流体力学之父”的丹尼尔·伯努利 1738 年发现的“伯努利定理”就是阐述流体在流动中流速和压力之间的关系的。

伯努利定理基本内容：流体在一个管道中流动时，流速大的地方压力小，流速小的地方压力大。

例如：向 AB 管吹进空气。如果管的切面小（像 a 处），空气的速度就大；而在切面大的地方（像 b 处），空气的速度反而小。在速度大的地方压力小，速度小的地方压力大。缘于 a 处的空气压力小，因此 C 管里的液体就上升；同时 b 处的很大的空气压力使 D 管里的流体下降。

伯努利定律的公式为：

$$\frac{1}{2}\rho v^2+\rho gh+p=\text{常数}$$

其中：v 为流动速度，g 为地心加速度（地球），h 为流体处于的高度

（从某参考点计），p 为流体中 h 处的压强，ρ 为流体的密度。

名人介绍——丹尼尔·伯努利

丹尼尔·伯努利（Daniel Bernoulli，1700—1782 年），瑞士物理学家、数学家、医学家。1700 年 2 月 8 日生于荷兰格罗宁根，是著名的伯努利家族中最杰出的一位。他是数学家 J·伯努利的次子，和他的父辈一样，违背家长要他经商的愿望，坚持学医，他曾在海得尔贝格、斯脱思堡和巴塞尔等大学学习哲学、伦理学、医学。1721 年取得医学硕士学位。伯努利在 25 岁时（1725 年）就应聘为圣彼得堡科学院的数学院士。8 年后回到瑞士的巴塞尔，先任解剖学教授，后任动力学教授，1750 年成为物理学教授。

伯努利开辟并命名了流体动力学这一学科，区分了流体静力学与动力学的不同概念。1738 年，他发表了十年寒窗写成的《流体动力学》一书。他用流体的压强、密度和流速等作为描述流体运动的基本概念，引入了“势函数”、“势能”（“位势提高”）来代替单纯用“活力”讨论，从而表述了关于理想流体稳定流动的伯努利方程，这实质上是机械能守恒定律的另一形式。他还用分子与器壁的碰撞来解释气体压强，并指出，只要温度不变，气体的压强总与密度成正比，与体积成反比，用此解释了玻意耳定律。

◆丹尼尔·伯努利

在 1725—1749 年间，伯努利曾十次荣获法国科学院的年度奖。

1782 年 3 月 17 日，伯努利在瑞士巴塞尔逝世，终年 82 岁。

轮船为什么会相互吸引

1912年秋天，远洋巨轮“奥林匹克”号（当时世界上最大的轮船之一）出了这样一件事。“奥林匹克”号在大海上航行着，同时在距离一百米远地方，有一艘比它小得多的铁甲巡洋舰“豪克”号差不多跟它平行地疾驰着。当两艘船到了像下图所示的位置的时候，发生了一件意想不到的事情：小船好像是服从着一种不可抗拒的力量，竟扭转船头朝着大船，而且不服从水手操纵，几乎笔直地向大船冲来。结果就发生了撞船事故。“豪克”号的船头撞在“奥林匹克”号的船舷上，这次撞击非常剧烈，以致“豪克”号把“奥林匹克”号的船舷撞出一个大洞来。

◆“奥林匹克”号和“豪克”号在相撞前的位置

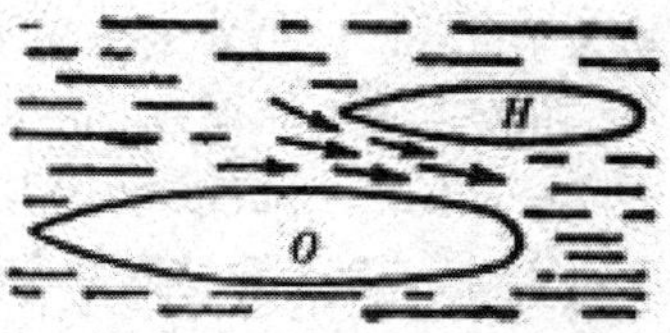

◆两艘在行驶的船之间的水流

◆奥林匹克号（左）与泰坦尼克号（右）

◆“漂浮的城市”远洋巨轮

船在大海里发生了彼此吸引的事故。如此的事故以前在两艘船平行前进的时候大概也出现过许多次，但是在还不能建造很大的船的时候，此类现象也显得不很重要。只是在现代，海洋里航行着许多“漂浮的城市”以后，船的吸引现象才十分明显起来。这要用伯努利定理来解释。当两艘轮船平行地航行着的时候，两船中间的水的流速大，两船外侧的水的流速小，使得两船外侧水的压强大于两船中间水的压强。这会产生怎样的后果呢？船在外侧的水的压力下肯定会相向运动，而比较小的船只自然会移动得明显些，比较大的船差不多仍然留在原处，一点儿也没有移动。这就是使大船很快地在小船旁边驶过的时候会出现非常强大的引力的缘故。

假如两艘船并排前进，而其中一艘稍微落后，那情况就会更加严重。使两艘船接近的两个力 F 和 F'，会使船身转向，并且船 B 转向船 A 的力量更大。在此情况下，撞船几乎是不能避免的。

急流对于游泳的人的危险，漩涡的吸引作用，都能够用这个来解释。

一般来说，河里的水流在用每秒 1 米的通常速度前进的时候，就有 30 千克力在吸引着人的身体！受到此力量吸引的人是不容易站住的，尤其是在水里，当我们身体自身的重量不能使自己保持稳定的时候。飞速前进的火车边也有吸引作用：在用每小时 50 千米的速度前进的时候，它要用大约

8千克的力吸引站在车旁的人。这也能够用伯努利定理来解释。

气流的此特性也能够用来说明喷雾器的作用。当我们吹一个一头缩细的横管的时候，空气在细管口就会减弱自己的压强。这样直管上面就出现了压强比较小的空气。结果大气压强就把杯子里的液体顺着直管压上来；液体到了管口，落在吹来的气流里，变成雾的形状播散在空中。

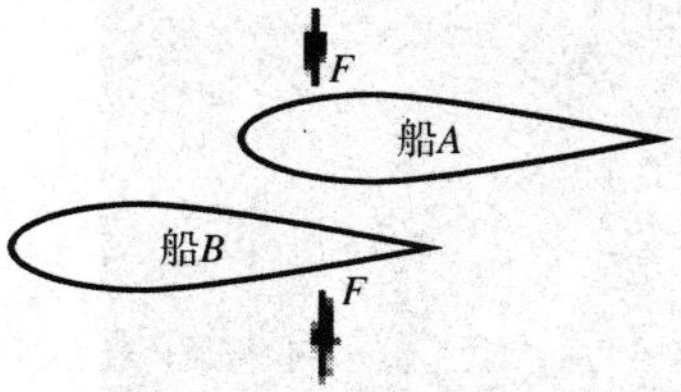

◆在两艘船前进的时候，船B会转过头来向船A撞去

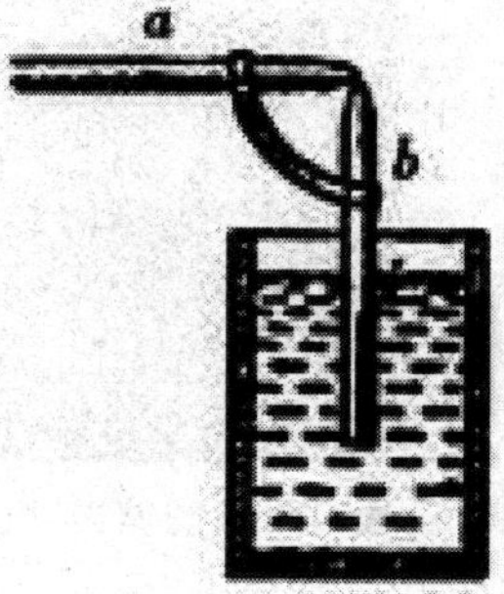

◆喷雾器

动手做一做

小实验：冲不走的乒乓球

煤矿里常用高速水流来采煤，坚硬的煤层在水流的冲击下，象面团一样被切开，水流的威力真是惊人！可是在下面这个实验里，水流却冲不走一个轻飘飘的乒乓球。

拿一个大洗脸盆，放在自来水龙头底下，打开水龙头，先放进半盆水，然后取一个乒乓球放在水流落点处，这时怪事发生了，只见乒乓球被牢牢“禁闭”在水流里，好像被吸住了，无论你把水开得多大，都不会把它“赶出来”。

原理解释——乒乓球为什么冲不走？

乒乓球为什么冲不走呢？原来，这是物理学上“伯努利定理”的一种表现。伴随着我们看得见的水流，还有被水流带动着向下流动的空气，根据伯努利定

理，和乒乓球接触的水流部分的压强，比水流外侧部分的压强要小得多，于是，水流就把球裹在中间。

用伯努利定理解释：贴近乒乓球的水流速度大，压强小；外层的水流速小，压强大，而且四周的压力基本相等，所以它只能在水里不断翻滚，却永远无法逃脱，除非关闭水龙头。

飞机为什么会飞

大多数飞机都由机翼、机身、尾翼、起落装置和动力装置五个主要部分组成。

飞机是重于空气的飞行器，当飞机飞行在空中，就会产生作用于飞机的空气动力，飞机就是靠空气动力升空飞行的。流动的空气就是气流，一种流体，这里我们要引用连续性定理和伯努利定理来解释。

飞机的升力绝大部分是由机翼产生，尾翼通常产生负升力，飞机其他部分产生的升力很小，一般不考虑。从下页左图我们可以看到：空气流到机翼前缘，分成上、下两股气流，分别沿机翼上、下表面流过，在机翼后

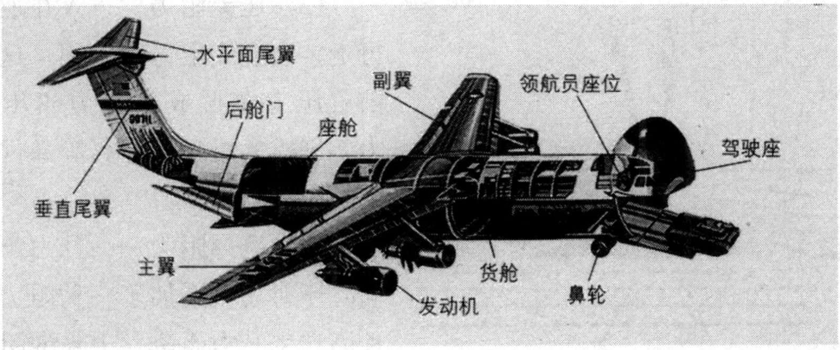

◆飞机的构造

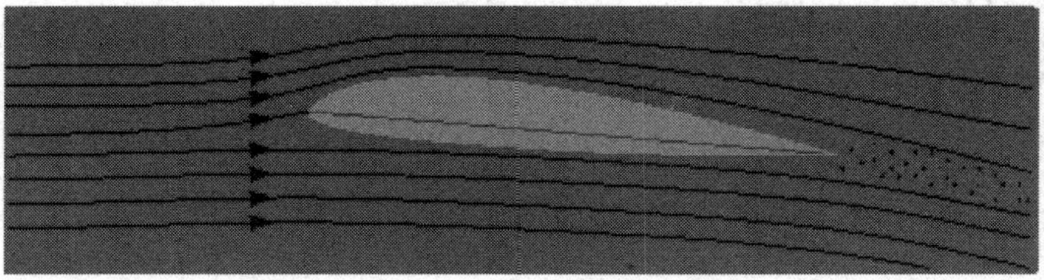

◆伯努利定理

缘重新汇合向后流去。根据流体连续性定理和伯努利定理，我们可以看到，机翼上表面比较凸出，相当于流管较细，说明流速加快，压强降低。而机翼下表面较平坦，流管不变细，流速比机翼上方慢，压强较大。于是机翼上、下表面出现了压强差，导致垂直于相对气流方向的压力差的总和就是机翼的升力。这样，重于空气的飞机借助机翼上获得的升力克服自身因地球引力形成的重力，从而翱翔在蓝天上了。

飞机飞行在空气中会有各种阻力，阻力是与飞机运动方向相反的空气动力，它阻碍飞机的前进，这里我们也需要对它有所了解。按阻力产生的原因可分为摩擦阻力、压差阻力、诱导阻力和干扰阻力。

（1）摩擦阻力——空气的物理特性之一就是粘性。当空气流过飞机表面时，由于粘性，空气同飞机表面发生摩擦，产生一个阻止飞机前进的力，这个力就是摩擦阻力。摩擦阻力的大小，决定于空气的粘性、飞机的表面状况，以及同空气相接触的飞机表面积。空气粘性越大、飞机表面越粗糙、飞机表面积越大，摩擦阻力就越大。

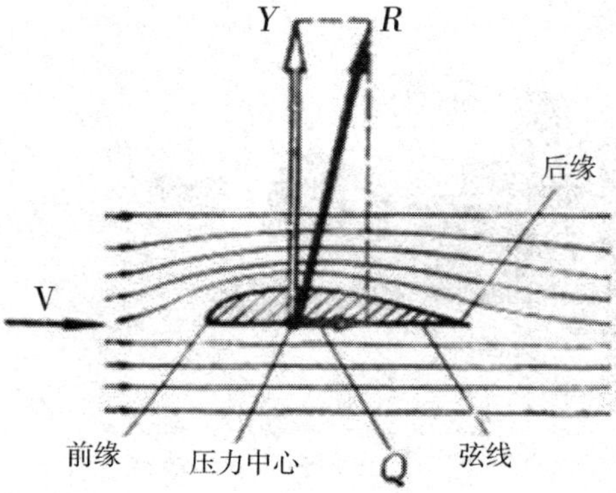

（2）压差阻力——人在逆风中行走，会感到阻力的作用，这种由前后压力差形成的阻力叫压差阻力。飞机的机身、尾翼等部件都会产生压差阻力。

（3）诱导阻力——升力产生的同时还对飞机附加了一种阻力。这种因产生升力而诱导出来的阻力称为诱导阻力，是飞机为产生升力而

◆波音787的机翼增大升力，减小阻力

付出的一种“代价”，其产生的过程比较复杂。

(4) 干扰阻力——它是飞机各部分之间因气流相互干扰而产生的一种额外阻力。这种阻力容易产生在机身和机翼、机身和尾翼、机翼和发动机短舱、机翼和副油箱之间。

以上四种阻力是对低速飞机而言，至于高速飞机，除了也有这些阻力外，还会产生波阻等其他阻力。

广角镜——影响飞机升力和阻力的因素

升力和阻力是飞机在空气之间的相对运动（相对气流）中产生的。影响升力和阻力的基本因素有：机翼在气流中的相对位置（迎角）、气流的速度和空气密度以及飞机本身的特点。

迎角对升力和阻力的影响。相对气流方向与翼弦所夹的角度叫迎角。在飞行速度等其他条件相同的情况下，得到最大升力的迎角，叫做临界迎角。在小于临界迎角范围内增大迎角，升力增大：超过临界迎角后，再增大迎角，升力反而减小。迎角增大，阻力也增大；迎角越大，阻力增加越多；超过临界迎角，阻力急剧增大。

飞行速度和空气密度对升力阻力的影响。飞行速度越大，升力、阻力越大。

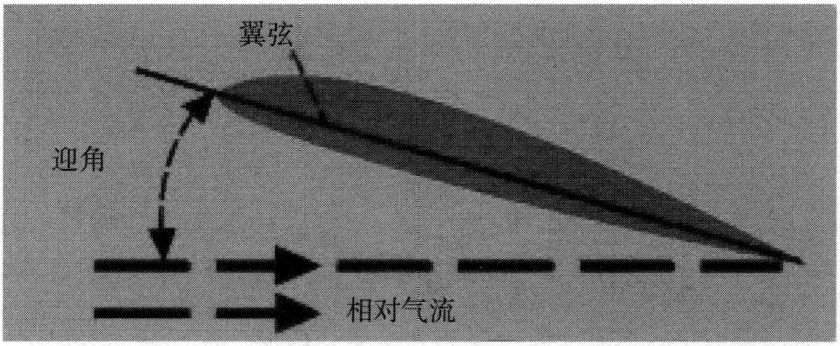

◆迎角

升力、阻力与飞行速度的平方成正比，即速度增大到原来的两倍，升力和阻力增大到原来的四倍。空气密度大，空气动力大，升力和阻力自然也大。空气密度增大为原来的两倍，升力和阻力也增大为原来的两倍，即升力和阻力与空气密度成正比。

机翼面积、形状和表面质量对升力、阻力的影响。机翼面积大，升力大，阻力也大。升力和阻力都与机翼面积的大小成正比。机翼形状对升力、阻力有很大影响，从机翼切面形状的相对厚度、最大厚度位置、机翼平面形状、襟翼和前缘翼缝的位置以及机翼结冰都对升力、阻力影响较大。还有飞机表面光滑与否对摩擦阻力也会有影响，飞机表面相对光滑，阻力相对也会较小，反之则大。

◆B—2 轰炸机的机翼

拓展思考

1. 流体的连续性定理的内容是什么？
2. 伯努利定理的内容是什么？
3. 为什么航行中的船只会相互吸引？
4. 飞机是如何飞起来的？影响飞机升力和阻力的因素有哪些？

电生磁来磁生电——电磁感应

◆磁悬浮列车

电磁感应现象的发现，是电磁学领域中最伟大的成就之一。它不仅揭示了电与磁之间的内在联系，而且为电与磁之间的相互转化奠定了实验基础，为人类获取巨大而廉价的电能开辟了道路，在实际应用上有重大意义。电磁感应现象的发现，标志着一场重大的工业和技术革命的到来。事实证明，电磁感应在电工、电子技术、电气化、自动化方面的广泛应用对推动社会生产力和科学技术的发展发挥了重要的作用。

电磁感应的概念

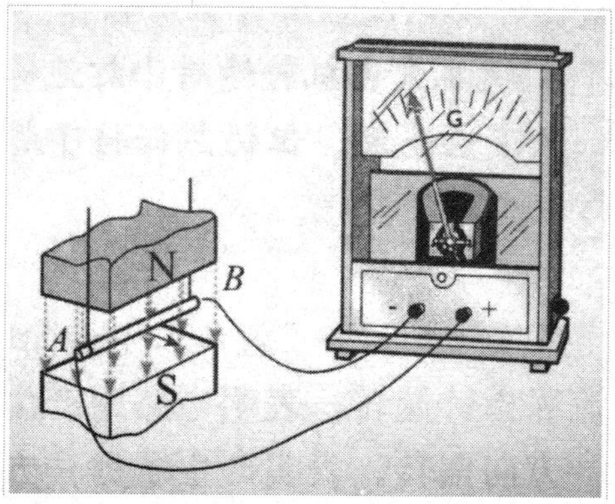

◆电磁感应

因磁通量变化产生感应电动势的现象叫电磁感应现象。这是在1831年迈克尔·法拉第发现电磁感应现象的基础上总结得到的。

闭合电路的一部分导体在磁场中作切割磁感线运动，导体中就会产生电流。产生的电流就是感应电流。

电磁感应的发现

1820 年 H. C. 奥斯特发现电流磁效应后，许多物理学家便试图寻找它的逆效应，提出了磁能否产生电，磁能否对电作用的问题，1822 年 D. F. J. 阿喇戈和 A. von. 洪堡在测量地磁强度时，偶然发现金属对附近磁针的振荡有阻尼作用。1824 年，阿喇戈根据这个现象做了铜盘实验，发现转动的铜盘会带动上方自由悬挂的磁针旋转，但磁针的旋转与铜盘不同步，稍滞后。电磁阻尼和电磁驱动是最早发现的电磁感应现象，但由于没有直接表现为感应电流，当时未能予以说明。

1831 年 8 月，法拉第在软铁环两侧分别绕两个线圈，其一为闭合回路，在导线下端附近平行放置一磁针，另一与电池组相连，接上开关，形成有电源的闭合回路。实验发现，合上开关，磁针偏转；切断开关，磁针反向偏转，这表明在无电池组的线圈中出现了感应电流。法拉第立即意识到，这是一种非恒定的暂态效应。紧接着他做了几十个实验，把产生感应电流的情形概括为五类：变化的电流，变化的磁场，运动的恒定电流，运动的磁铁，在磁场中运动的导体，并把这些现象正式定名为电磁感应。

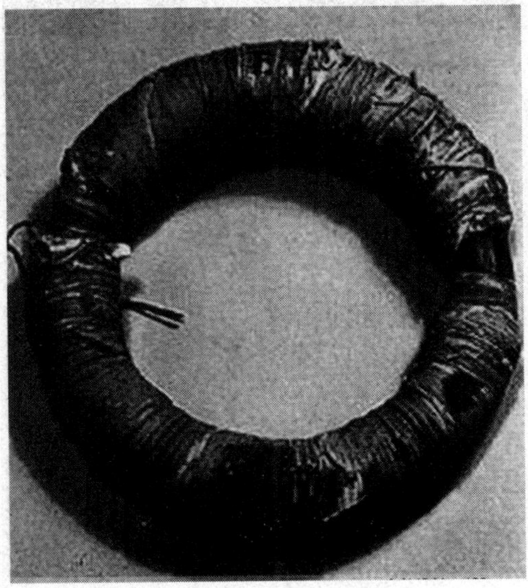
◆法拉第用过的线圈

进而，法拉第发现，在相同条件下不同金属导体回路中产生的感应电流与导体的导电能力成正比，他由此认识到，感应电流是由与导体性质无关的感应电动势产生的，即使没有回路没有感应电流，感应电动势依然存在。

后来，通过实验得出了确定感应电流方向的楞次定律以及描述电磁感应定量规律的法拉第电磁感应定律。并按产生原因的不同，把感应电动势分为动生电动势和感生电动势两种，前者起源于洛伦兹力，后者起源于变化磁场产生的有旋电场。

原理介绍

楞次定律：

感应电流的磁场总是要阻碍引起感应电流的磁通量的变化。

法拉第电磁感应定律：

电路中感应电动势的大小，跟穿过这一电路的磁通变化率成正比。

名人介绍——法拉第

法拉第（Michael Faraday，1791—1867 年），英国物理学家、化学家，也是著名的自学成才的科学家。1791 年 9 月 22 日出生于萨里郡纽因顿一个贫苦铁匠家庭。因家庭贫困仅上过几年小学，13 岁时便在一家书店里当学徒。书店的工作使他有机会读到许多科学书籍。在送报、装订等工作之余，自学化学和电学，并动手做简单的实验，验证书上的内容。利用业余时间参加市哲学学会的学习活动，听自然哲学讲演，因而受到了自然科学的基础教育。由于他爱好科学研究，专心致志，受到英国化学家戴维的赏识，1813 年 3 月由戴维举荐到皇家研究所任实验室助手。这是法拉第一生的转折点，从此他踏上了献身科学研究的道路。

◆法拉第(Michael Faraday,1791—1867 年)

法拉第工作异常勤奋，研究领域十分广泛。1818－1823 年研制合金钢期间，首创金相分析方法。1823 年从事气体液化工作，标志着人类系统地进行气体液化工作的开始，采用低温加压方法，液化了氯化氢、硫化氢、二氧化硫、氢等。1824 年起研制光学玻璃，这次研究导致在 1845 年利用研制出的一种重玻璃（硅酸硼铅）发现磁致旋光效应。1825 年在把鲸油和鳕油制成的燃气分馏中发现苯。

法拉第最出色的工作是电磁感应的发现和场的概念的提出。他认为电与磁是一对和谐的对称现象。既然电能生磁，他坚信磁亦能生电。经过 10 年探索，历经多次失败后，1831 年 8 月 26 日终于获得成功，同年 10 月 17 日完成了在磁体与闭合线圈相对运动时在闭合线圈中激发电流的实验，他称之为“磁电感应”。经过大量实验后，他终于实现了“磁生电”的夙愿，宣告了电气时代的到来。

作为 19 世纪伟大实验物理学家的法拉第，已经孕育着电磁波的存在以及光是一种电磁振动的杰出思想，尽管还带有一定的模糊性。为解释电磁感应现象，他提出“电致紧张态”与“磁力线”等新概念，同时对当时盛行的超距作用说和流体说进行挑战。1833 年，他总结了前人与自己的大量研究成果，证实当时所知摩擦电、伏打电、电磁感应电、温差电和动物电等五种不同来源的电的同一性。他力图解释电流的本质，导致他研究电流通过酸、碱、盐溶液时的影响，结果在 1833—1834 年发现电解定律，开创了电化学这一新的学科领域。他所创造的大量术语沿用至今。

1837 年他发现电介质对静电过程的影响，提出了以近距“邻接”作用为基础的静电感应理论。不久以后，他又发现了抗磁性。在这些研究工作的基础上，他形成了“场”的概念。正如爱因斯坦所说，引入场的概念，是法拉第的最富有独创性的思想，是牛顿以来最重要的发现。所以说法拉第是电磁场学说的创始人。

1845 年法拉第发现强磁场使偏振光的偏振面发生旋转。他的晚年，尽管健康状况恶化，仍从事广泛的研究。他曾分析研究电缆中电报信号迟滞的原因，研制照明灯与航标灯。

法拉第于 1867 年 8 月 25 日逝世，墓碑上照他的遗愿只刻有他的名字和出生年月。后世的人们，选择了“法拉”作为电容的国际单位，以纪念这位物理学大师。

电磁感应的应用——发电机

◆发电机

发电机通常由定子、转子、端盖、机座及轴承等部件构成。

定子由机座、定子铁芯、线包绕组以及固定这些部分的其他结构件组成。转子由转子铁芯（有磁扼、磁极绕组）、滑环（又称铜环、集电环）、风扇及转轴等部件组成。

由轴承及端盖将发电机的定子、转子连接组装起来，使转子能在定子中旋转，作切割磁力线的运动，从而产生感应电动势，通过接线端子引出，接在回路中，便产生了电流。

电磁感应的应用——动圈式话筒

◆动圈式话筒

动圈式话筒是一种最常用的传声器，主要由振动膜片、音圈、永久磁铁和升压变压器等组成。它的工作原理是当人对着话筒讲话时，膜片就随着声音前后颤动，从而带动音圈在磁场中作切割磁力线的运动。根据电磁感应原理，在线圈两端就会产生感应音频电动势，从而完成了声电转换。为了提高传声器的输出感应电动势和阻抗，还需装置一只升压变压器。

动圈式话筒结构简单、价格低廉、稳定可靠、使用方便、固有噪声小，被广泛用于语言广播和扩声系统中，尤其是手持动圈话筒广泛用于各种演出场合。但动圈式话筒的缺点是灵敏度较低、频率范围窄，细腻的人声演唱，或管弦乐队的合奏等就有些力不从心了。经过研究，近几年已有专用动圈式话筒生产，其特性和技术指标都较好。

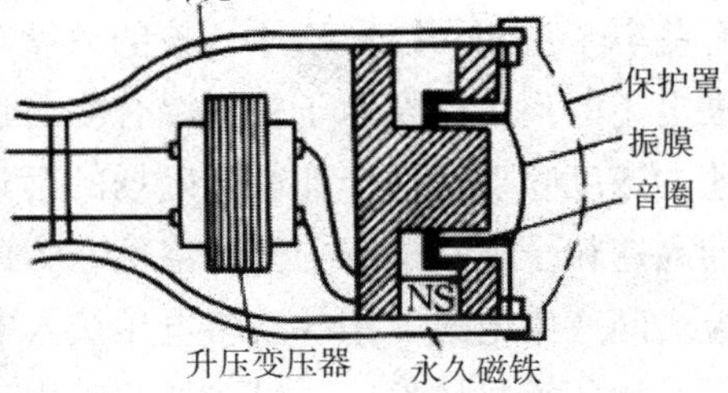

◆动圈式话筒结构示意图

电磁感应的应用——磁流体发电机

磁流体发电机，又叫等离子发电机，是根据霍尔效应，将带电的流体（离子气体或液体）以极高的速度喷射到磁场中去，利用磁场对带电的流体产生作用而发电的一种设备。

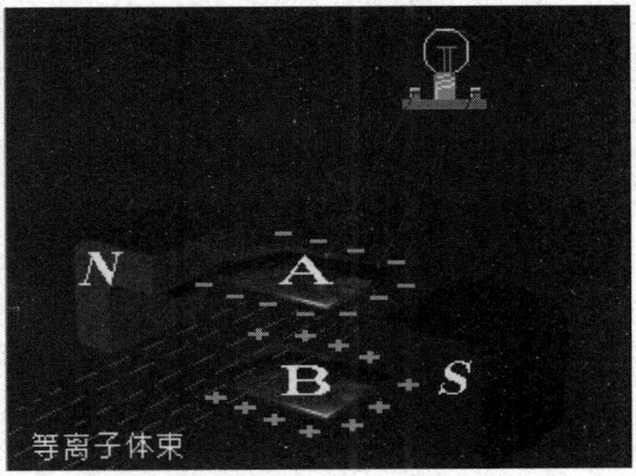

◆磁流体发电原理

最简单的开式磁流体发电机由燃烧室、发电通道和磁体组成。工作过程是在化石燃料燃烧后产生的高温气体中，加入易电离的钾盐或钠盐，使其部分电离后，经喷管加速产生高达 3000 摄氏度、速度达到 1000 米/秒的高温高速导电气体，最后产生电流。

◆铁磁流体的动态之美

磁流体发电中的带电流体，它们是通过加热燃料、惰性气体、碱金属蒸气而得到

的。在几千摄氏度的高温下，这些物质中的原子和电子的运动都很剧烈，有些电子甚至可以脱离原子核的束缚，结果，这些物质变成自由电子、失去电子的离子以及原子核的混合物，这就是等离子体。将等离子体以超音速的速度喷射到一个加有强磁场的管道里面，等离子体中带有正、负电荷的高速粒子，在磁场中受到洛伦兹力的作用，分别向两极偏移，于是在两极之间产生电压，用导线将电压接入电路中就可以使用了。

利用磁流体发电，只要加快带电流体的喷射速度，增加磁场强度，就能提高发电机的功率。人们使用高能量的燃料，再配上快速启动装置，就可以使发电机功率达到1000万千瓦，这就满足了一些需要大功率电力的场合。目前，中国、美国、印度、澳大利亚以及欧洲共同体等，都积极致力于这方面的研究。

磁流体发电的另一个好处是产生的环境污染少。利用火力发电，燃烧燃料产生的废气里含有大量的二氧化硫，这是造成空气污染的一个重要原因。利用磁流体发电，不仅使燃料在高温下燃烧得更加充分，它使用的一些添加材料还可以和硫化合，生成硫酸钾，并被回收利用，这就避免了直接把硫排放到空气中，对环境造成污染。

现在磁流体发电机制造中的主要问题是发电通道效率低，目前只有10%。通道和电极的材料都要求耐高温、耐碱腐蚀、耐化学烧蚀等，目前所用材料的寿命都比较短，因而磁流体发电机不能长时间运行。

你知道吗？

霍尔效应：霍尔效应是磁电效应的一种，这一现象是美国物理学家霍尔（A. H. Hall，1855—1938年）于1879年在研究金属的导电机构时发现的。当电流垂直于外磁场通过导体时，在导体的垂直于磁场和电流方向的两个端面之间会出现电势差，这一现象便是霍尔效应。这个电势差也被叫做霍尔电势差。

万 花 筒

第一台磁流体发电机

1959年，美国阿夫柯公司建造了第一台磁流体发电机，功率为115千瓦。此后各国均有研究制造，美苏联合研制的磁流体发电机U－25B在1978年8月进行了第四次试验，气体一等离子体流量为2～4千克/秒，温度为2950开，磁场为5特，输出功率1300千瓦，共运行了50小时。目前许多国家正在研制百万千瓦的利用超导磁体的磁流体发电机。

超导磁流体推进器

“超导磁流体推进器”潜艇具有常规潜艇和核潜艇所不具有的超常作战能力，现有的任何舰艇都无法追踪和探测“磁流体推进器潜艇”。它是世界上最先进、最前卫、最具有战斗力的未来潜艇。

所谓的“磁流体推进器”就是贯通海水的通道内建有一个磁场，这个磁场能对导电的海水产生电磁力作用，使之在通道内运动，若运动方向指向船艉，则反作用力便会推动船舶前进。

与传统机械转动类推进器相比较，磁流体推进器的不同点在于：前者使用机械动力作为推力而后者使用电磁力。正因为如此，磁流体推进器无需配备螺旋桨桨叶、齿轮传动机构和轴泵等，是一个完全静止的设备。一艘现代潜艇使用了这种推进器，便从根本上消除了因机械转动而产生的振动、噪音以及功率限制，而能在几乎安静的状态下以极高的航速航行。据理论计算其航速可达

◆ “超导磁流体推进器”潜艇

150 节，而这是任何机械转动类推进器不可能实现的。

磁流变减振器

磁流变减振器是利用电磁反应，以来自监测车身和车轮运动传感器的输入信息为基础，对路况和驾驶环境做出实时响应的设备。这种控制系统以经济、可靠的部件结构提供快速、平顺、连续可变的阻尼力，减少了车身振动并增加了轮胎与各种路面的附着力。与传统的减振系统不同，磁流变减振器中没有细小的阀门结构，也不是通过液体的流动阻力达到减振效果。

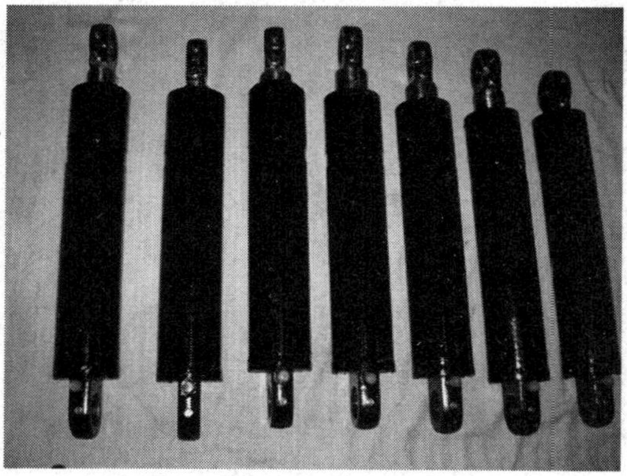

◆电磁流变流体智能主动减振器

磁行车控制系统应用磁流变（MR）液体和不带机电控制阀的减振器提供反应迅速、减振性能强大的阻尼力控制。磁流变液体是一种由高磁导率、低磁滞性的微小软磁性颗粒和非导磁体液体混合而成的磁性软粒悬浮液，这种悬浮体在零磁场条件下呈现出低粘度的特性，而在强磁场作用下，呈现出高粘度、低流动性的液体特性。正是磁流变液的这种流变可控性使其能够实现阻尼力的连续可变，从而达到对振动的主动控制之目的。当液体被注入减振器活塞内的电磁线圈后，线圈的磁场将改变其流变特性（或产生流体阻力），

◆装有电磁流变流体智能主动减振器系统的轮式装甲车

从而在没有机电控制阀且机械装置简单的情形下产生反应迅速、可控性强的阻尼力。车装控制器根据从4个悬挂位移感应器、一个车侧加速率传感器和一个方向盘角度感应器上获得的数据，以百万分之一秒的频率连续不断地调节阻尼力的大小。

磁流变减振器是一个革命性的新技术，可同时提高车辆的舒适程度、驾驶性能和安全保障。

电磁炮

电磁炮是一种新概念火炮，是利用电磁发射技术制成的一种先进的动能杀伤武器。

电磁炮与传统的火炮相比有根本性区别：火炮是利用火药燃烧产生的燃气压力，作用于弹丸来发射的。电磁炮是利用电磁力作用，将弹丸发射出去。这样，可大大提高弹丸的速度和射程。所以，电磁炮出现后，立即引起了世界各国军事家们的关注。

电磁炮根据其构造不同可分为电磁线圈炮和电磁轨道炮两种。

电磁线圈炮是由环绕炮膛的一系列固定线圈与环绕弹丸的弹体线圈所组成。炮弹发射时，电源依次给环绕炮膛的一系列固定线圈供电，产生一个沿炮管运动的移动磁场，使得在环绕弹丸的弹体线圈中产生感应电流，感应电流也形成一个磁场，产生推动弹丸加速的力，使弹丸在炮管整个长度上得到加速。弹丸就这样高速地被发射了出去。

◆美国的ITA电磁轨道炮模型

电磁轨道炮是由导轨、电枢及电源组成。导轨是一对平行的金属轨道，用于传导电流。这对金属轨道是由耐烧蚀、耐磨损、具有良好机械强度的材料制成。金属轨道镶嵌在用高强度材料制成的绝缘筒内，构成炮管。电枢由导电金

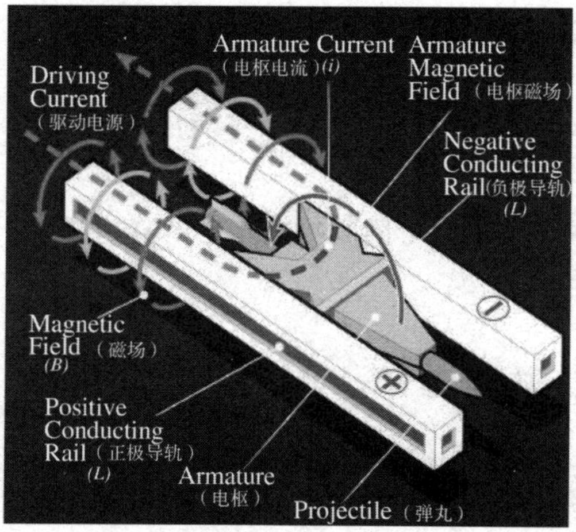

◆电磁轨道炮原理图

属或等离子材料制成，位于两金属轨道之间，它的前端装着弹丸，电枢带着弹丸一起在导轨间运动。

当电磁轨道炮发射时，电源供电，强大的电流通过导轨、电枢，最后又返回电源，构成回路，并在回路内产生感应电流。这样，感应电流在回路内产生磁场，对电枢产生一个获得加速度的电磁力，推动电枢运动。装在电枢前端的弹丸也得到加速，弹丸就这样被发射了出去。

美国海军海上水面战中心曾经试射的电磁炮便是一种类电磁轨道炮，有一根很长的炮管，炮管中有两根铜金属轨。这种电磁轨道炮通过巨大的电能，产生巨大的力，发射炮弹和导弹。

电磁炮之所以受到各个国家的关注，是因为它具有普通火炮无法比拟

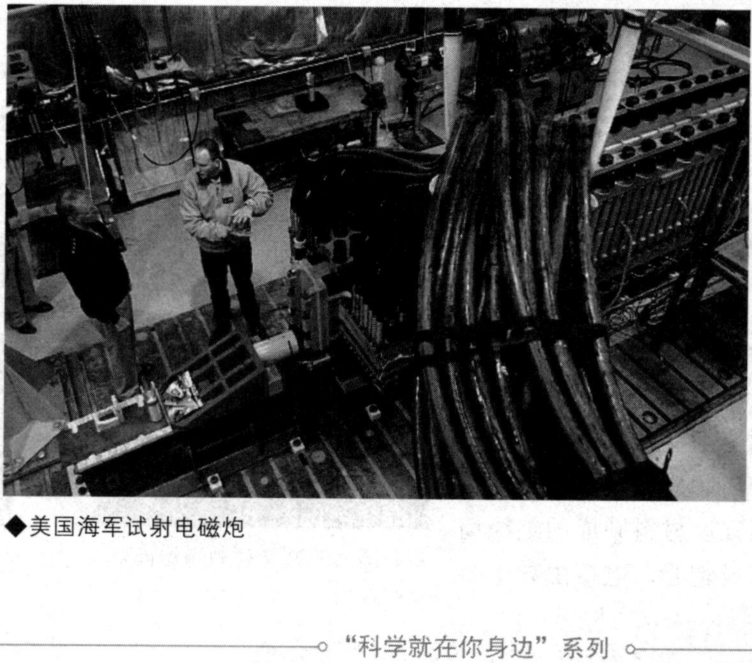

◆美国海军试射电磁炮

的优势：炮弹的速度快，射程远，精度高，威力大。普通炮弹的飞行速度最高约1800米/秒，而电磁炮炮弹弹丸的速度可达其3倍以上。巨大的速度又意味着巨大的动能，这些弹丸的动能是同等质量普通炮弹的9倍以上！因此，即使不用炸药，仅仅通过弹丸的直接撞击即可将目标彻底摧毁。美国电磁炮的打靶试验表明，发射一颗相当于一枚鸡蛋重量、约50克的电磁炮弹，当其速度为3000米/秒时，就可有效穿透25.4毫米厚的装甲。同时，极高的飞行速度又可以减少炮弹的飞行时间，使炮弹不易受到干扰，保证了炮弹的精度。

◆电磁炮弹命中目标瞬间

◆命中目标

电磁炮作为发展中的高技术武器，具有广阔的军事前景。1980年，美国西屋公司为“星球大战”计划建造了实验电磁炮，若将这座电磁炮放在太空，它能把质量为300克的炮弹加速到8～10千米/秒。面对这种近30倍音速的电磁炮弹打击，太空中所有的航天器，小到几十千克的卫星，大到几百吨的空间站，都将被撞击成为太空碎片。2004年7月，美国海军又成功进行了电磁炮的海上发射试验，下一步便将建造飞行速度2500米/秒，射程达370千米的电磁炮。可以预见，电磁炮将很快成为现代战场强有力的杀伤武器。

广角镜——电磁炮的发明

19世纪，英国科学家法拉第发现，如果让导线在磁场中作切割磁力线的运动，导线上会产生电流；而如果给位于磁场中的导线通电，则这根导线将会受到一个力的推动。这就是著名的法拉第电磁感应定律。正是根据这一定律，人们发明了现在广泛应用的发电机和电动机。电动机产生的强劲扭矩启示了科学家和军事家，如果把磁场中的这根导线换成一个导轨，上面再搁一枚炮弹，或者干脆把导线换作一枚可导电的炮弹，这枚炮弹能不能被发射出去呢？

1901年，挪威奥斯陆大学的克里斯廷·伯克兰教授制造出了世界上第一台电磁发射器，他还特意为之申请了第一项电磁炮世界专利，并成立了一家名为“伯克兰的轻武器”的公司来专门研究和制造电磁炮。伯克兰教授制造的最大电磁炮能够将10千克的铁制炮弹加速到80～100米/秒。后来，伯克兰教授意识到他无法获得理想的动力——强大的脉冲电源，不得不放弃了他的研究。但人们对电磁炮依然孜孜以求。

20世纪60年代，美国和澳大利亚的科学家发现，通过瞬间释放高速旋转的飞轮所蕴含的能量，可以获得电磁炮所需的脉冲电源，电磁炮的研究和发展出现了契机。1980年，美国的研究人员在威斯汀·豪斯研究和发展中心用电磁炮成功地发射了一颗质量为317克的弹丸，其飞行速度达到了4200米/秒。一时间，电磁炮成了各个国家军事技术研究的热点，各种结构的电磁炮被纷纷试制出来。

急速飞驰的磁悬浮列车

磁悬浮列车是一种采用无接触的电磁悬浮、导向和驱动系统的磁悬浮高速列车系统。它的时速可达到500千米以上，是当今世界最快的地面客运交通工具，有速度快、爬坡能力强、能耗低、运行时噪音小、安全舒适、不燃油、污染少等优点。

磁悬浮列车作为一种新型的轨道交通工具，是对传统轮轨铁路技术的一次全面革新。它不使用机械力，而是主要依靠电磁力使车体浮离轨道，就像一架超低空飞机贴近特殊的轨道运行。整个运行过程是在无接触、无摩擦的状态下实现高速行驶，因而具有“地面飞行器”、“超低空飞机”的美誉。很多人在问：磁悬浮列车为什么能离开轨道飞驰呢？

实际上，在磁悬浮列车上装有电磁体，铁路底部则安装线圈。通电后，地面线圈产生的磁场极性与列车上的电磁体极性总保持相同，两者“同性相斥”，排斥力使列车悬浮起来。铁轨两侧也装有线圈，交流电使线圈变为电磁体。它与列车上的电磁体相互作用，使列车前进。列车头的电磁体（N极）被轨道上靠前一点的电磁体（S极）所吸引，同时被轨道上稍后一点的电磁体（N极）所排斥——结果是后“推”前“拉”。磁悬浮列车运行时与轨道保持一定的间隙（一般为1～10厘米），因此运行安全、平稳舒适、无噪声，可以实现全自动化运行。磁悬浮列车的使用寿命可达35年，而普通轮轨列车只有20～25年。磁悬浮列车路轨的寿命是80年，普通路轨只有60年。此外，磁悬浮列车启动后39秒内即达到最高速度，目前的最高时速是552千米。据德国科学家预测，到2014年，磁

◆磁悬浮列车

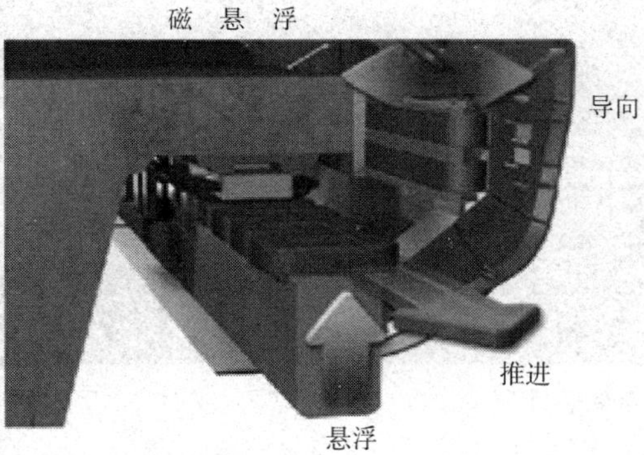

◆磁悬浮原理

◆磁悬浮列车模型

◆磁悬浮列车内部

◆磁悬浮列车

悬浮列车采用新技术后，时速将达 1000 千米。而一般轮轨列车的最高时速为 300 多千米。

磁悬浮列车运行时，应当与轨道始终保持 10 厘米的间隙。任何的偏差对于列车的稳定性都是很危险的。但磁场解决了这个问题。由于在轨道底端的磁体与车厢上的磁体是同一极性，它们之间总有排斥力，如果因为某种原因使得列车悬浮高于 10 厘米，也就意味着列车向轨道产生的磁场逐渐变弱的区域移去，从而它所得到的悬浮力减少，这样列车又会回落至 10 厘米的高度。相反，如果车厢太靠近铁轨，将遇到轨道磁场非常大的阻力，并得到较大的排斥力，这就使列车又能与铁轨保持正常距离。这样，就没必要去监控悬浮的距离了。

有人会担心，万一停电，列车会不会马上掉下来，其实这个问题在设计时早就考虑到了。磁悬浮列车上装有储备电源，一旦发生断电现象，系统会自动切换到储备电源上来，储备电源可以继续维持列车行驶一段时间，在此过程中，列车速度会逐渐慢下来，离地面的高度也逐渐下降，最后平稳落地。不会出现停电后，高速行驶的列车骤然降落的情况。

由于磁铁有同性相斥和异性相吸两种形式，故磁悬浮列车也有两种相应的形式：

一种是以德国为代表的常规磁铁吸引式悬浮系统——EMS 系统，利用磁铁异性相吸原理。在车体底部及两侧倒转向上的顶部安装磁铁，在 T 形导轨的上方和伸臂部分下方分别安装反作用板和感应钢板，通过控制电磁铁的电流，使电磁铁和导轨间保持10～15毫米的间隙，并使磁铁与导轨钢板的吸引力与车辆重力平衡，从而使车体悬浮于车道的导轨上运行。常导型高速磁悬浮列车的速度可达每小时400～500千米，适合于城市间的长距离快速运输；

另一种是以日本为代表的排斥式悬浮系统——EDS系统，它使用超导的磁悬浮原理，使车轮和钢轨之间产生排斥力，使列车悬空运行，这种磁悬浮列车的悬浮气隙较大，一般为100毫米左右，速度可达每小时500千米以上。

由于磁悬浮列车具有快速、低耗、环保、安全等优点，因此前景十分广阔。它的高速度使其在1000至1500千米之间的旅行距离中比乘坐飞机更优越。由于没有轮子、无摩擦等因素，它比目前最先进的高速火车省电30%。在500千米/小时速度下，每座位/千米的能耗仅为飞机的1/3至1/2，比汽车也少耗能30%。因无轮轨接触，振动小、舒适性好，对车辆和路轨的维修费用也大大减少。磁悬浮列车在运行时的磁场强度非常低，与地球磁场相当，远低于家用电器。由于采用电力驱动，避免了烧煤烧油给沿途带来的污染。磁悬浮列车一般以4.5米以上的高架通过平地或翻越山丘，从而避免了开山挖沟对生态环境造成的破坏。磁悬浮列车在路轨上运行，按飞机的防火标准实行配置。它的车厢下端像伸出了两排弯曲的胳膊，将路轨紧紧搂住，绝对不可能出轨。列车运行的动力来自固定在路轨两侧的电磁流，同一区域内的电磁流强度相同，不可能出现几辆列车速度不同或相向而动的现象，从而排除了列车追尾或相撞的可能。

磁悬浮列车使车体完全脱离轨道，腾空行驶，创造了近乎“零高度”空间飞行的奇迹。虽然磁悬浮列车仍然属于陆上有轨交通运输系统，并保留了轨道、道岔和车辆转向架及悬挂系统等许多传统机车车辆的特点，但由于列车在牵引运行时与轨道之间无机械接触，因此从根本上克服了传统列车轮轨粘着限制、机械噪声和磨损等问题，所以它也许会成为人们梦寐以求的理想陆上交通工具。

拓展思考

1. 什么是电磁感应现象？
2. 法拉第电磁感应定律的内容是什么？
3. 电磁感应在哪些领域有广泛的应用？
4. 为什么说电磁感应推动了工业革命快速发展？

力铸就运动之美

——体育中的力学

体育运动的精神是更快、更高、更强，它是人体运动的速度、弹跳高度和力量的较量，所以体育运动与力学有着十分密切的关系。它既是全世界体育实力的较量，也是与体育有关的科学技术的较量。

事实上，在现代体育竞赛中，从场馆建设、体育器材、纪录检测、运动员培训、兴奋剂检测、体育技巧的发展等等方面，都需要现代科学技术的介入。世界体育运动的每一项纪录的刷新，不仅包含了运动员的才能和艰苦锻炼，也体现了在他背后许多科学技术人员的劳动成果。体育运动，就是在物理根基上盛开的鲜花。

◆标枪

而今迈步从头越
——行走与跑步中的力学

远在上古时代，人们为了获得生活资源，在和大自然及禽兽的斗争中，不得不走或跑相当的距离，跳过各种障碍，投掷石块和使用各种捕猎工具。在劳动中不断地重复这些动作，便形成了走、跑、跳跃和投掷的各种技能。随着社会的发展。人们有意识地把走、跑、跳跃、投掷作为练习和比赛形式。在走路和跑步中，蕴含着丰富的力学知识，真是一动一静皆学问。

◆奥运百米飞人大赛

行走中的力学

◆走路

◆步行的时候人体的连续动作

人是怎样走路的？在走路中有哪些力学知识呢？

假定一个人正在用一只脚站立着，而且假定他用的是右脚。现在，假定他提起了脚跟，同时把身体向前倾。这时候，从他的重心引下的竖直线自然要越出脚的底面的范围，人也自然要向前跌倒；但是这个跌倒还没有来得及开始，原来停在空中的左脚很快移到了前面，并且落到了从重心引下的竖直线前面的地面上，使从重心引下的竖直线落到两脚之间的面积中间。这样一来，原来已经失去的平衡恢复了，这个人也就前进了一步。这个人自然也可以就是这样停留在这个相当吃力的状态。但是假如他想继续行进，那么他就得把身体更向前倾斜，把从重心引下的竖直线移到支点面积以外，并且在有跌倒倾向的同时，重新把一只脚向前伸出，只是这一次要伸的不是左脚，而是右脚——于是又走了一步，就这样一步一步走下去。因此，步行实际上是一连串的向前倾跌，只不过能够及时把原来留在后面的脚放到前面去支持罢了。

让我们把问题看得更深入一些。假定第一步已经走出了。这时候右脚还跟地面接触着，而左脚却已经踏到了地面。但是只要所走的一步并不太短，右脚脚踵应该已经抬起，正是由于这个脚踵的提起，才使人体向前倾跌而破坏了平衡。左脚首先是用脚跟踏到地面的。当左脚的整个脚底已经

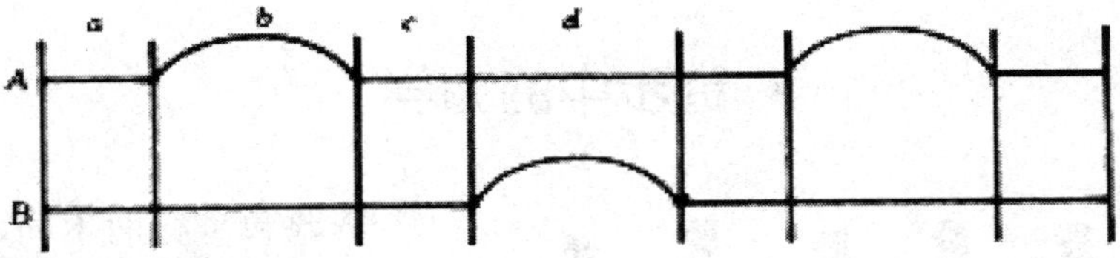

◆步行时两脚动作的图解

上图的A线表示一只脚，下图的B线表示另一只脚。直线表示脚和地面接触的时间，弧线表示脚离开地面移动的时间。从图上可以看出，在一段时间 a 里，两脚都是站在地上的；在时间 b 里，A脚在空中，B脚继续贴地；在时间 c 里，两脚又重新着地。路走得越快，a、c 两段时间也就越短。

踏到地面的时候，右脚也完全提到空中了，在这同时，左脚的膝部原来略略弯曲的，由于大腿骨三头肌的收缩就伸直了，并且在这一瞬间成竖直状态。这使得半弯曲的右脚可以离开地面向前移动，并且跟着身体的移动把右脚踵恰好在走第二步的时候放下。接着，那左脚先是只有脚趾踏着地面，立刻就全部抬起到空中，照样地复演方才那一连串的动作。

◆海边漫步

跑步中的力学

◆奔跑的时候人的连续动作

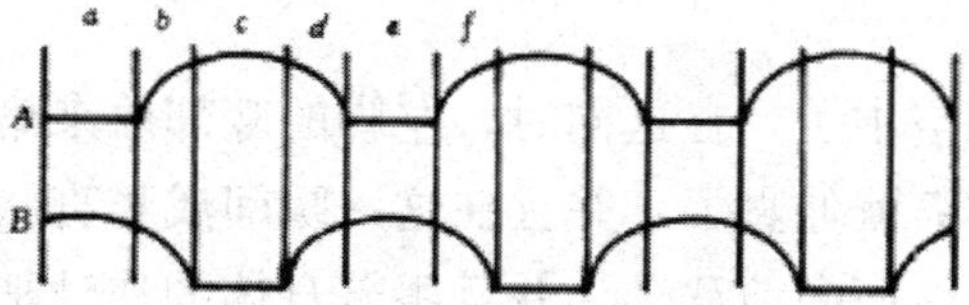

◆奔跑时候的两脚动作的图解

从图上可以看出，奔跑的时候有两脚都是悬空的瞬间（b、d、f）。奔跑跟步行不同的地方就在这里。

奔跑和步行的不同，在于原是站立在地上的脚，由于肌肉的突然收缩，就强力地弹了起来，把身体抛向前方，使身体在这一瞬间完全离开地面。接着身体又落到地上，但是已经由另外一只脚来支持了，这只脚当身体还在空中的时候已经很快地移到了前方。因此，奔跑是一连串的从一只脚到另一只脚的飞跃。

怎样跑得更快

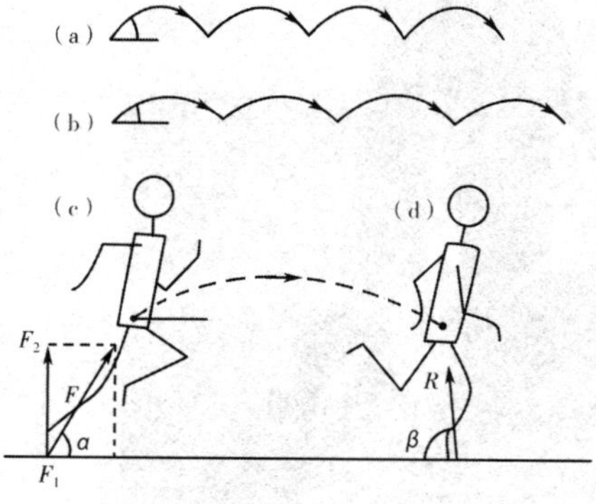

◆跑步的力示意图

平时看田径比赛的时候，我们都会羡慕那些随风疾驰的体育健儿，感慨自己身体素质太差。其实体育健将们除了优秀的自身素质外，也离不开专业的训练。而我们如果能掌握准确的动作，速度也能提高不少。因为跑步中有很多学问。

跑是不断重复的周期性运动。波动的速率与频率及波长的关系如下式：

速率＝频率×波长。

同理，跑的速率与步频（每秒钟所跑的步数）和步长（每跑一步的距离）的关系如下式：

速率＝步频×步长。

要增大跑的速率，就要设法增大步频和步长。例如一短跑者平均步频为每秒 4.6 步，平均步长为 1.8 米/步，则其平均速率为 8.28 米/秒。如果以此速率跑 100 米，就要 12.08 秒。

◆牙买加飞人博尔特

设有体力相同的 A、B 两人，分别采用图（a）和（b）两种跑步方式：(a）的起步角较（b）大，则（a）每跑一步由于把身体升得较高，要费较长时间才能着地跑下一步。这样，步频自然较小。另一方面，由于（a）的起步角较大，升高身体的分速度较大而水平向前的分速度较小，故步长就较短。故（a）跑得比（b）慢。每跑一步的速度，是由前一步保留下的速度（惯性）以及下一步有力后蹬所补充的速度的矢量和。每跑一步所补充的速度，由脚向后蹬地面而获得，如图（c）所示。脚后蹬的力为 F，则地面也给人体一个大小等于 F 的反作用力，人体由于这个力在后蹬时间内获得补充的速度。F 与地面的夹角 α 叫做后蹬角。F 可分解为 F_1 和 F_2 两分力。F_1 使人获得水平前进的加速度，而 F_2 则获得垂直上升的加速度。后蹬角 α 决定 F_1 和 F_2 的分配。后蹬角不应过大，否则力量 F 用在升高身体的部分太大而用在前进的部分太小，这就减小了步频和步长。短跑的后蹬角应在 52°～60°之间，视体力与技术而定。完成后蹬动作之后，人体就向前抛腾一步。接着，另一腿由摆动腿转为支撑腿而着地，如图（d）所示，这动作叫做前蹬。前蹬地面的力 R 和地面的夹角 β 叫做前蹬角。人脚受到地面的反作用力和 R 大小相等而方向相反。前蹬时，脚掌应着地，以减小作用力 R。由图可知，R 是斜向后的，会减小前进速度。因此，前

神奇的力

蹬角β宜大，也就是脚掌不要太早着地，要摆至接近身体下方才着地，这就能减小R向后的分力。

轶闻趣事——人的速度

在自然界中，人的速度如何呢？假如我们把人的正常步行速度去跟行动缓慢的动物，例如蜗牛或者乌龟的速度相比，那才有趣哩。蜗牛这东西，确实可以算是最缓慢的动物：它每秒钟一共只能够前进1.5mm，也就是每小时5.4m，恰好是人类步行速度的1/1000！另外一种典型的行动缓慢的动物，就是乌龟，它只比蜗牛爬得稍快一点，它的普通速度是70m/h。人跟蜗牛、乌龟相比，虽然显得十分敏捷，但是，假如跟周围另外一些行动还不算太快的东西相比，那就又当别论了。人可以毫不费力地穿越大平原上河流的流水，也不至于落在中等速度的微风后面。但是，如果想跟每秒钟飞行5米的苍蝇来较量，那人就只有用滑雪橇在雪地上滑溜，才能够追得上。至于想追过一只野兔或是猎狗的话，那么人即使骑上快马也办不到。如果想跟老鹰比赛，那么人只有一个办法，那就是坐上飞机。人类发明了机器，就成了世界上行动最快的一种动物。

◆草原奔马

蹲踞式起跑

如果你经常观看田径比赛的话，你会发现短跑运动员都是采用蹲着的姿势开始起跑的。田径的术语叫“蹲踞式”起跑。为什么要用蹲踞式起跑呢？

◆蹲踞式起跑

大家知道，短跑时要想跑出水平，起跑时就要做到听到枪声迅速跑出。如果起跑慢了，以后很难追补回来。既然短跑的起跑这么重要，为什么又先蹲下来然后再跑呢，这岂不是更费时间了吗？其实不然。在日常生活中，我们看见推车的人总是身体向前倾，与地面构成一定的角度，这样才能使上劲，既便于发挥后蹬的力量，又不容易劳累。采用“蹲踞式”起跑的道理跟这相仿，运动员在蹲下“预备”时，身体重心前移，落在两手和两腿之间，人体肌肉趋于最佳的预拉状态，整个身体好象是一根被压紧的弹簧，

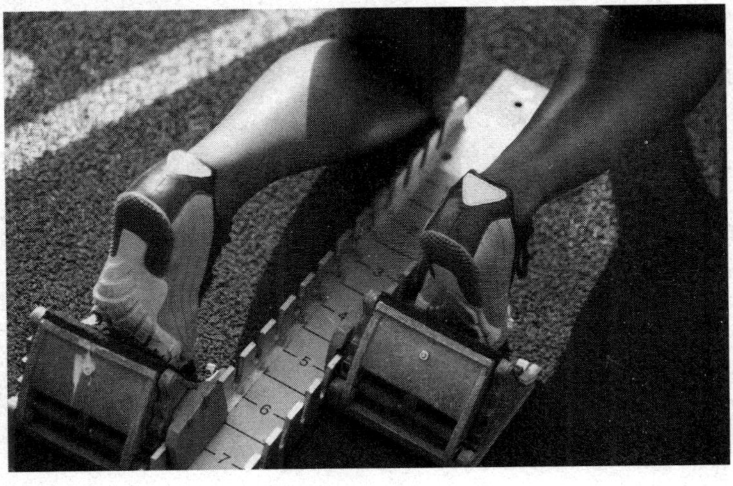
◆助跑器

最有利于瞬时的发力。当听到枪响，运动员一面用力向后蹬腿，一面迅速屈臂并用力摆动，这时就像被压紧的弹簧一下子松开了，很快地“蹦”了出去。这样运动员就能在最短的时间内摆脱静止状态，向前跑出去，并很快获得较大的初速度。

与此相反，如果在出发前采用站立起跑的方法即“站立式”起跑，由于身体的重量是落在前面那条腿上的，当运动员听到“起跑”的枪声以后，就不得不把身体重心先向前移，再进行蹬地起跑。显然，采用此种姿势起跑，较之“蹲踞式”来说，非但出发时间慢，而且前冲力量小。

有人会问既然蹲着起跑好，为什么在 800 米以上的中长距离比赛中，运动员又大多采用站着的姿势起跑呢？这是由于决定这些项目成绩的主要因素是速度耐久力。它们的距离较长，对全程来说，起跑时稍稍失掉几分之一秒，毕竟没有像短跑那样重要。另外“蹲踞式”起跑比“站立式”起跑消耗体力要大些，而中长跑运动员又恰恰需要有很好的体力进行较长距离的比赛，因而就不采用消耗体力较大的起跑方法了。所以，中长跑运动员一般都是采用“站立式”起跑，而短跑运动员大多采用“蹲踞式”起跑。

小博士

助跑器

在一次比赛中，运动员伯克在起跑线上蹲下的地方挖了一个小小的浅坑，一只脚放进浅坑，起跑时脚一蹬，便箭一般冲射而出，取得了 100 米短跑 12 秒的成绩。可是，每次比赛都要挖小坑，田径场被挖得坑坑洼洼的。于是人们就发明了“助跑器”。

助跑器是用钢钉固定在跑道上的，易装易折，还可以根据每个运动员不同的要求进行调节，非常实用。

轶闻趣事——蹲踞式起跑的由来

国际田联规定400米短跑及以下的短跑项目必须采用“蹲踞式”姿势起跑。然而，就是这一科学的起跑姿势却有着一个曲折的被认同的过程。

1887年，美国著名田径教练玛尔菲，观察到袋鼠在快速跳跃奔跑之前先将后腿弯曲并把身体俯得很低，然后像闪电般向前一窜，时速高达70千米。于是，他从中受到启发，发明了“袋鼠式”起跑技术，并让他的学生沙里在一次田径比赛中试用。可惜的是，这项起跑技术在当时饱受冷嘲热讽，以至于未能推广开来。

1896年4月10日，在第1届雅典奥运会100米决赛开始之前，在起跑线上运动员有的直立着，有的弯着腰，有的双手摊开，唯有美国选手托马斯·伯克采用了“袋鼠式”起跑技术。他在地上挖了两个坑，双手撑地，两腿前后分开，臀部高抬准备起跑。场上的观众对这些千奇百怪的起跑姿势议论纷纷。特别是伯克的起跑姿势被认为最好笑，甚至有些“滑稽”，因此场上响起一片哄笑声。然而，伯克却箭一般地冲了出去，并一路领先最后以12秒的成绩夺得冠军。

由于伯克的夺冠，该届奥运会后，许许多多的运动员开始采用了“袋鼠式”起跑姿势，因为他们都已经清楚地认识到采用这种姿势起跑对于起跑加速快的好处，而且起跑动作越来越完美，逐渐形成了现在的“蹲踞式”起跑技术。

◆蹲踞式起跑的由来

拓展思考

1. 走路中有什么力学原理？

2. 跑步中有什么力学原理？

3. 怎样才能跑得更快？

4. 蹲踞式起跑的优点是什么？向体育老师请教一下蹲踞式起跑的动作要领。

空中的舞者——撑杆跳

◆“撑杆跳女皇”伊辛巴耶娃

自2003年7月13日在英国盖茨黑德首次以4.82米刷新室外世界纪录，2004年2月15日在乌克兰顿涅茨克以4.83米首次改写室内世界纪录至今，伊辛巴耶娃已先后27次改写世界纪录，其中，伊辛巴耶娃保持的室内世界纪录达到了5米，室外世界纪录达到了5.06米。“只有天空是我的极限。”伊辛巴耶娃成为了田径历史上无可争议的“撑竿跳女皇”。那么撑杆是如何把运动员送过横杆的呢？这里面又包含怎样的物理原理呢？让我们一起来欣赏空中力与美画出的弧线吧！

撑杆跳的历史

◆撑杆跳高

撑杆跳高起源于欧洲，当时，当地人曾借助长杆跨越沟渠。不过，这种做法是为了跳得更远而不是更高。

19世纪后期，大学里开始举行撑杆跳高比赛。起初，撑杆跳高的选手们使用的是底端削尖的竹制撑杆。比赛是在草地上进行的，因为当时还不准用坑洞来固定撑杆，所以选手将竹竿的尖端插入草地，然后越过横杆，背部着地落在草地上。在1896年奥运会上创造的纪录是3.2米，当时使用的是竹制撑杆。目前，撑杆跳高的世界纪录已经超过了6.1米。

随着撑杆跳高技术和撑杆材料的改进，人们的跳跃高度也开始增加，并逐渐使用垫子作为落地时的保护。如今的撑杆跳高是在全天候跑道上进行的，使用了插斗来插入撑杆，还在沙坑里堆放了足够高的垫料以保护运动员。现代的撑杆是用高级合成材料（如碳纤维）制成的。

科技文件夹

撑杆跳中的撑杆

撑杆是一种十分先进的设备。它是用碳纤维和玻璃纤维合成材料制成的，分为多层。当撑杆弯曲时，它必须能吸收选手释放的所有能量，然后在伸直时将这些能量又全部作用在选手身上。这些高级合成材料在弯曲时只损耗极少的能量，而且具有良好的强度重量比。

撑杆跳中的物理

在撑杆跳运动中，选手助跑时的速度越快，在插斗插杆时转移到撑杆的能量就越多。最为理想的情况是，选手要在不到10或12秒时间里达到最高速度。

助跑之后便是撑杆，这一动作充当了弹簧的作用，将积聚的水平动能

◆撑杆跳动作分解

转换为垂直高度上的势能。在插杆过程中，如果以 18 度插入插斗，撑杆与最初高度相比将弯曲大约 70%，或者说弯曲角度在 120 至 160 度之间，撑杆弯曲程度取决于选手体重和所获动能。弯曲的撑杆获得的势能被转回选手身体，变成动能。

◆ “撑杆跳沙皇”谢尔盖·布勃卡

随着撑杆开始伸直，选手距地面高度不断升高，直至身体呈倒立姿态。在空中停留时，选手必须控制身体以面向横杆，提高身体重心，直至跃过横杆。在平时的训练中，他们会通过蜷缩、旋转和手倒立等方式熟练和掌握这项技术。

与 45 千克重的选手相比，90 千克重的选手需要向撑杆灌注的能量大概是前者的两倍。但这两种情况下撑杆的弯曲程度必须相同，这说明体重较大的选手需要更难弯曲的撑杆。因此，必须仔细调整撑杆的强度，使之与选手的体重相符。

在选手奔向横杆的过程中，任何有助于提高奔跑速度的因素都将使其跳得更高。减轻撑杆的重量可以显著提高选手的奔跑速度。如今的碳纤维撑杆比过去曾经使用的木制、竹制或金属制成的撑杆都轻得多。如果他采用一些特殊的技术，如在撑杆的顶部助推，或在离地时用力起跳，那么他还能跳得更高。

目前，室外撑杆跳高的世界纪录是 6.15 米，是由乌克兰选手谢尔盖·布勃卡在 1994 年创造的。美国奥运选手布拉德·沃克是美国国内纪录保持者，成绩为 19 英尺 9.75 英寸（约合 6.03 米）。

拓展思考

1. 什么是撑杆跳?
2. 撑杆跳是怎样发展起来的?
3. 撑杆跳的动作要领是怎样的?其中包含哪些力学知识?
4. 查查资料,了解一下世界著名的撑杆跳运动员。

碧波逐浪——游泳

◆竞技游泳

竞技游泳，从1896年的第一届奥运会就列入了奥运会正式项目。发展到现在，各种锦标赛，国际大型比赛不断推动着竞技游泳的发展，使它的技术动作更完善，创造了一个又一个优异的成绩。随着科技水平的不断提高，游泳的世界纪录也不断被刷新。让我们遨游在物理的海洋里，探究游泳中的力学知识吧。

游泳的种类

◆自由泳

竞技游泳是指有特定技术要求，按游泳竞赛规则规定进行竞赛的游泳项目。它可以分为在游泳池比赛和在公开水域比赛两大类。如自由泳、蛙泳、仰泳、蝶泳（又称海豚泳）和由这四种游泳组成的个人混合游泳，以及接力游泳。竞技游泳主

◆蛙泳

要是以速度来决定名次的游泳，是根据国家的游泳竞赛规则进行的。

蛙泳是第一个作为比赛的泳式，而且自由泳及蝶泳也是从中发展出来的。在 20 世纪 40 及 50 年代，由于很多日本泳手利用规则的漏洞在长距离比赛中潜泳，从而获取利益，游泳规则于 1956 年有所更改，只允许泳手在起跳后及转身后，在水面下只可作一次划手及蹬腿动作。为了减低水的阻力及加强推进力，蛙泳的划手及蹬腿动作曾有过多次的改革，不过，基本泳姿一直都没有多大的出入。

自由泳的由来，是澳洲人韦利士于 1850 年使用一种双手在水面前移的泳姿，这可算是自由泳的雏型。以后英国泳手约翰·特拉真于 1873 年采用了一种用蛙泳腿再配合双手交替前爬的泳式，后来澳洲人李察卡尔又根据特拉真及亚历韦咸的泳式，创造了一种“浅打水”的踢腿方法。自此之

◆仰泳

◆蝶泳

后，腿的踢法就只有少许的变化。

早期的仰泳只是仰浮在水面上，然后再用蛙泳的踢腿推进。1900 年的奥林匹克运动会，开始有泳员使用手部在水面上过头前移的泳式，踩踏式的踢腿方式，则要到 1912 年的奥运会才开始出现。

蝶泳的划水方法是由德国泳手 Erich Rademacher 首次在 1926 年的蛙泳比赛中使用，当时，他仍使用蛙泳的踢腿方式。1952 年的奥林匹克运动会之后，国际业余游泳联会（FINA）决定将此泳式与蛙泳分开，因而增加了蝶泳，而且泳员更可以采用海豚式的踢腿方法。

世界纪录的摇篮——水立方

在 2008 年奥运会上，美丽的“水立方”游泳馆简直成了破世界纪录的摇篮。在 32 个游泳项目中，19 个世界纪录、7 个奥运会纪录在水立方里被一次次刷新。尤其令人感到震撼的是，在男子 4×200 米自由泳接力比赛中，美国运动员菲尔普斯同队友一起竟然将世界纪录提高了 5 秒，让该项目的成绩首次闯入 7 分钟大关。美国《华盛顿邮报》通过数据分析表示，北京“水立方”游泳馆可能成为奥林匹克历史上最“快速”的游泳馆

◆水立方

之一。

什么是“快速”游泳馆呢？简单的讲就是能让运动员取得最佳成绩的泳池。北京“水立方”之所以可能成为“快速”游泳馆，应该说是多种因素综合的结果，这些因素中含有鲜为人知的科技知识。

首先是泳池更深的蓄水深度。专家解释说，如果泳池蓄水浅，运动员在比赛时，其产生的涌向泳池底部的水浪会被池底反弹回来，进而影响运动员的前行。通常，顶级的游泳池水深为 2 米左右，而北京“水立方”的泳池深度则接近 3 米，此举降低了水下波浪的影响。

其二是泳池不同寻常的宽度。相比起传统的 8 道游泳池，“水立方”泳池更宽，它拥有 10 条泳道。比赛仅占用中间的 8 条泳道，泳池两边各留下 1 条泳道，以便让运动员比赛中产生的水面浪花消散。

◆水立方夜景迷人

其三是修建在泳池边的排水槽。运动员比赛中产生的水面波浪冲到泳池边后，漫过泳池边缘的水将直接进入排水

◆水立方内部场景

槽，而不会反冲回来影响运动员的正常比赛。

其四是具有减（平）波功能的分道线。分划泳道的分道线由众多可旋转的塑料圆柱环串接而成，它们能吸收水波的冲击能量，不让某泳道运动员比赛时产生的水波影响相邻泳道中运动员的前行。

其五是合适的水温。如果泳池中蓄水温度偏低，那么运动员为保持自

◆水立方内部场景

己的体温会消耗宝贵的能量；如果水温偏高，那么则不能帮助运动员散发其身体在比赛中产生的热量。除此之外，为“水立方”游泳馆设计提供过建议的专家麦克尔哈吉表示，良好的照明、热情的观众、适宜的空气温度和优质的音响效果等同样也是能够帮助运动员取得好成绩的因素，因为它们能让运动员在入水比赛前，拥有良好的精神状态。

从作为唯一由港澳台同胞和海外华人华侨捐资共建的奥运场馆，到以建筑的神奇和瑰丽而为世人瞩目，水立方在竞技场本身所承载的功能上，又增添了一层魔幻色彩——这里已经成为了创造世界纪录的圣地。

鲨鱼皮泳衣

2008年8月17日，北京奥运会游泳比赛项目在“水立方”落下帷幕，9天内，我们见证了19项新的世界纪录和7项新的奥运会纪录的诞生，见证了泳坛巨星菲尔普斯身着“鲨鱼皮”泳衣勇夺8金的奥运传奇……

早在2000年悉尼奥运会游泳比赛中，澳大利亚选手伊恩·索普穿黑色连体紧身泳装，宛如碧波中前进的鲨鱼，劈波斩浪，一举夺得3枚金牌，而他身穿的鲨鱼皮泳衣也从此名震泳界。

◆菲尔普斯

◆“鱼雷”索普

鲨鱼皮泳衣是人们根据其外形特征起的绰号，其实它有着更加响亮的名字：快皮，它的核心技术在于模仿鲨鱼的皮肤。生物学家发现，鲨鱼皮肤表面粗糙的V形皱褶可以分开水流，大大减少水流的摩擦力，使身体周围的水流更高效地流过，鲨鱼得以快速游动。快皮的超伸展纤维表面便是完全仿造鲨鱼皮肤表面制成的。此外，这款泳衣还充分融合了仿生学原理：在接缝处模仿人类的肌腱，为运动员向后划水时提供动力；在布料上模仿人类的皮肤，富有弹性。实验表明，快皮的纤维可以减少3%水的阻力，这在百分之一秒就能决定胜负的游泳比赛中有着非凡意义。1999年10月，国际泳联正式允许运动员穿快皮参赛。

而关于穿什么样的泳衣游得更快，人们已探索了许多年。泳者在水中遇到的阻力，与水的密度、泳者的正面面积、摩擦系数及泳者速度的平方

◆鲨鱼

◆鲨鱼皮泳衣

成正比，因此减少正面面积和摩擦系数是设计低阻力泳衣的关键。

第四代“鲨鱼皮”由Speedo公司、美国宇航局和澳洲流体实验室联合开发。与前三代产品全黑的外形不同，LZRRacer的表面有黑色和灰色两种色块；摸上去轻、薄、透，手感发沙。

这款泳衣精妙之处首先在于材料。据称，这种叫做“LZRPulse”的特殊材料是借助了美国国家航空及太空总署（NASA）测试航天器进入地球大气层后表面承受摩擦力的风洞，对100余种材料进行了测试后选定的。美国宇航局为此提供了空洞试验和火箭技术，泳衣面料中已经没有了传统意义上的纺织物。“LZRPulse”通过将贴近体表的水排开，保证水和肌肤的最少接触，以达到减阻的效果。其针织技术同样超前，LZRRacer是世界上首件100%利用超声波粘合的泳衣，周身找不到一处接缝，因此也减少了部分阻力。

泳衣的灰色部分是高弹力的特殊材质，包裹在几个主要的大肌群上，强有力地压缩运动员的躯干与身体其他部位，降低肌肉与皮肤振动，帮助运动员节省能量、提高成绩。此外，贴合脊椎的波浪形拉链、独特的腰部加固技术，都使这件泳衣充满高科技含量。

链接——CAE技术

鲨鱼皮泳衣运用了先进的CAE技术分析运动员的最大阻力位置。

当应用CAE技术的时候，计算机能够预测运动员身体周围每处水的速度、应力以及压力。阻力高的区域用红色显示，以此表明泳衣上哪些部分需要进行改

◆CAE 技术

进。例如，从右图可以明显看到胸部的阻力比较大，在这些高阻力的区域就可以安置 LZRPulse（低摩擦材料）。此外，CAE 技术还可以帮助研究人员考察更多的极端情况。例如，运用 CAE 技术，可以针对不同人的体型与身高执行不同的泳衣设计方案。由于运动员的技术水平、体型特征等条件都各不相同，所以也只有量身定制的“鲨鱼皮”才能使他们的技术水平发挥到极致。

然而，使用 CAE 来设计泳衣的难度远超过使用它来设计其他产品。因为研究人员不仅需要考虑空气和流体动力学，还要考虑身体周围水泡的流动，考虑肌肉运动和呼吸等生理功能。“鲨鱼皮”第一次使这项技术应用于泳衣设计并获得了巨大的成功，成为当之无愧的最高科技的结晶，同时也向人们揭示了 CAE 技术的神秘力量。

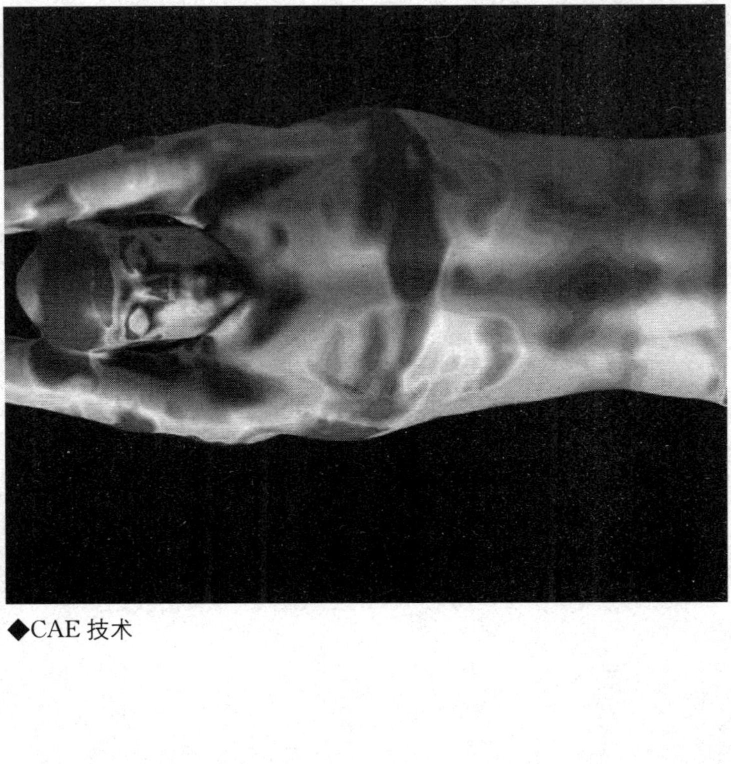
◆CAE 技术

拓展思考

1. 竞技游泳有哪几种泳姿?
2. 为什么说“水立方”是快速游泳馆?
3. 鲨鱼皮泳衣为什么能帮助游泳运动员提高比赛成绩?
4. 你认为使用高科技提高游泳的比赛成绩是合理的吗?

迷倒全世界的运动
——足球盛宴

◆足球比赛

足球运动是以脚支配球为主，两个队在同一场地内进行攻守的体育运动项目。足球运动是世界上最受人们喜爱、开展最广泛、影响最大的体育运动项目，被誉为“世界第一运动”。不少国家将足球定为“国球”。一场精彩的足球比赛，吸引着成千上万的观众和数以亿计的电视观众。当今足球运动已成为人们生活中不可缺少的组成部分。据不完全统计，现在世界上经常参加比赛的球队约 80 万支，登记注册的运动员约 4000 万人，其中职业运动员约 10 万人。

足球场上的力学

足球比赛是很多人喜欢的运动之一，在世界杯开赛之际，成千上万的球迷在为自己喜爱的球队、球星呐喊助威，在为每一个进球激情狂欢。实际上，这项运动包含了很多物理知识。现在，让我们用物理的眼光，来欣赏一下这项迷人的运动。

在球场上踢出的球越滚越慢，最终停下来。这是因为踢出的足球由于惯性要保持原来的运动状态，沿原来的运动方向继续滚动；而在运动方向上受到了滚动摩擦力的作用，这个阻力改变了足球的运动状态，阻碍足球

◆足球射门

◆足球射门

◆扑救点球

滚动，使球越滚越慢，所以球最终停止运动。

足球在落地后，每次反弹的高度都比上一次低。这可以用能量的观点来分析：球在下落时，由于球在空气中运动克服摩擦，要损失一部分机械能；同时球在碰撞地面时，也要损失一部分机械能，这样球的机械能就逐渐减少，所以球上升的高度将越来越小。

当队员大脚射门时，球速可以高达 100 千米/小时。如果守门员用胸部停球，那么胸部所受到的冲力将高达 1500 牛；如果用手接球，冲力会减少到 500 牛。这是因为通过手臂的运动可使球的制动距离延长 3 倍的缘故。

守门员扑点球时，扑住的成功率一般只与守门员的判断反应能力有关，为什么呢？因为点球的位置距球门只有 9.15 米，射门时球速可以高达 100 千米/小时，这样球到球门的时间大约是 0.32 秒，而人脑的反应时间大约是 0.6 秒，这样足球到球门的时间就会远远小于人脑的反应时间，所以守门员根本没有时间调整自己的意识，因此点球的扑住与否跟守门员对进球方向的预先判断直接有关。正是由于这种原因我们在看点球大战时，球明明向球门左边飞去而守门员却扑向右边就不足为奇了。

广角镜——足球的诞生

中国古代把脚踢球叫“蹴鞠”。早在2000多年前的春秋战国时代，就有了蹴鞠游戏。西汉时修建有“鞠城”，专供竞赛之用。唐代是蹴鞠活动的昌盛时期，出现了用灌气的球代替过去用毛发之物填充的球，称为“气毬”，并用球门代替了鞠室。

◆《蹴鞠图》

而在西方，公元10世纪以后，法国、意大利、英国等一些国家有了足球游戏。到15世纪末有了“足球”之称，后逐渐发展成现代的足球运动。1863年10月26日，英国人在伦敦成立了世界上第一个足球运动组织——英国足球协会，并统一了足球规则，人们称这一天为现代足球的诞生日。

香蕉球的奥秘

自从贝利1966年在伦敦世界杯赛中踢出了第一个“美丽的弧线”后，“香蕉球”便成为越来越多大牌球星们的基本功和拿手戏。被誉为“英格

◆香蕉球

兰圆月弯刀”的贝克汉姆用最优雅的“贝氏弧线”使足球魅力无穷；“金左脚”洛斯的“炮打双灯”为足球史留下了一段佳话；“绿茵拿破仑”普拉蒂尼的“香蕉球”横向飘移量竟达5米之多，使他成为当下无人挑战的“任意球王”。

我们可以看到，通常是防守方五六个球员在球门前组成一道“人墙”，挡住进球路线。进攻方的主罚队员，起脚一记劲射，球绕过了“人墙”，眼看要偏离球门飞出，却又沿弧线拐过弯来直入球门，这就是颇为神奇的“香蕉球”。

为什么足球会在空中沿弧线飞行呢？

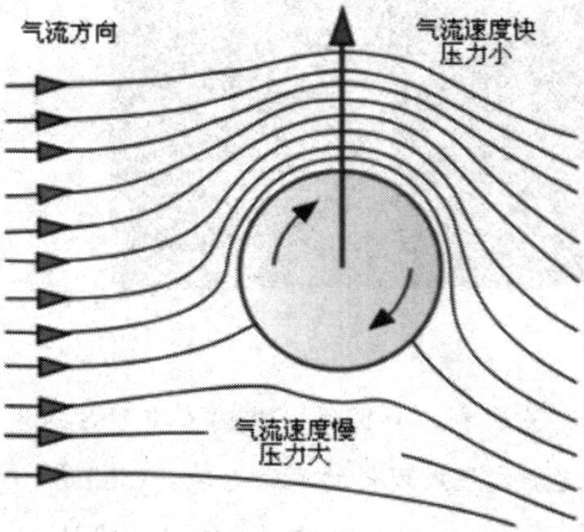

◆足球与气流

原来，罚“香蕉球”的时候，运动员并不是拔脚踢中足球的中心，而是稍稍偏向一侧，同时用脚背摩擦足球，把球“搓”起来，使球在空气中前进的同时还不断地旋转。这时，一方面空气迎着球向后流动，另一方面，由于空气与球之间的摩擦，球周围的空气又会被带着一起旋转。这样，球一侧空气的流动速度加快，而另一侧空气的流动速度减慢。伯努利定理告诉我们：在流水或气流里，流速越小，压强越大，流速越大，压强越小。由于足球两侧空气的流动速度不一样，压强就不同，它们对足球所产生的压力也不一样，于是，足球在空气压力的作用下，被迫向空气流速大的一侧转弯了。

◆贝克汉姆的香蕉球

香蕉球的原理是依照空气动力学的。就是球面与空气的相对速度越大，球面受力就越大，球运动轨迹的弧度就越大。如上图所示，假设视线与地面垂直，从球的正上方向下看，且球的运动轨迹的瞬时方向与你的视线垂直向上，球是顺时针旋转。球的左侧的气流速度快，压强小，右侧的气流速度慢，压强大，这时球就会向左偏移。再假设视线与地面平行，从球的正侧面看，且球的运动轨迹的瞬时方向与你的视线垂直向右。假如球是顺时针旋转，球的上部的气流速度快，压强小，下部的气流速度慢，压强大，这时球的下落就会减缓，这样比较容易绕过人墙，但球速慢，给守门员反应的时间较多。反之，球下降得就越快，但是不容易绕过人墙。

由上述可知，形成香蕉球的力学条件有二：一是踢球作用力不通过球体的重心，使球体产生转动；二是有一定位移，在空气作用下，旋转的球体发生轨迹改变。理想的香蕉球多是借助于来球力量、重力和风力等因素，运用不同的脚法以及巧妙的技术动作形成的。

在比赛中，踢出一个准确无误的香蕉球是不容易的，必须抓住技术这一重要环节，反复练习。据临场需要，中近距离传射时，要使球的弧线轨迹明显弯曲出现早些，弧线曲率相对大些，为此踢球时应以小腿摆动为主，有良好的加转动作；当进行长传远射时，则要保证足够的前进速度，弧线轨迹明显弯曲可出现晚些，弧线曲率相对小些，为此，踢球时应以大

腿带动小腿摆动，以增加踢球的力量，并用“追踪球”增加接触时间，对球追加用力，使球尽量获得较大的冲量，有利于出球轨迹前半程较平直而后半程出现弧线明显弯曲，提高隐蔽性，使绝技得以奏效。

拓展思考

1. 足球上有哪些力学知识？
2. 为什么在罚点球的时候守门员有时会向球的相反方向扑去？
3. 神奇的“香蕉球”是怎样产生的？
4. 你喜欢哪一支足球队？了解一下足球比赛的相关规则。

中国人的骄傲——国球乒乓

◆乒乓球国手马琳在击球

乒乓球是中国国球，是一种世界流行的球类体育项目。乒乓球起源自1900年，因其打击时发出“Ping Pong”的声音而得名，在中国就以“乒乓球”作为它的官方名称。

我们国家在乒乓球历史上占有很强的地位，20世纪60年代以来，我国选手取得世界乒乓球比赛的大部分冠军，甚至多次包揽整个赛事的所有冠军。

力矩与旋转球

在乒乓球运动中，旋转球是克敌致胜的法宝，那么如何使球能在前进中旋转呢？

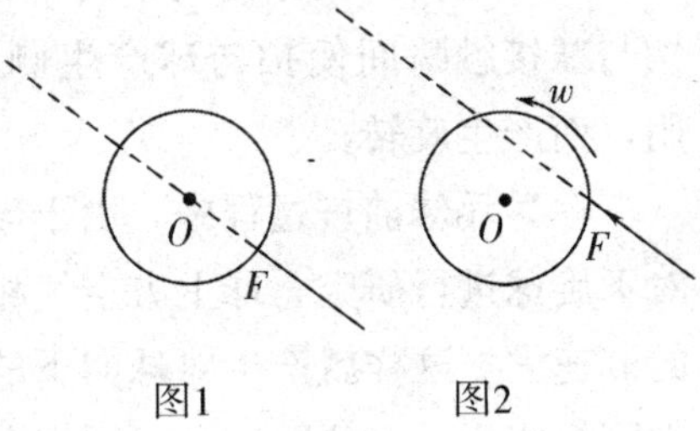

如图1所示：给物体施加一个过质心“O”点的推力，该物体就只能沿力的方向平动。

如图2所示：给物体施加一个偏离质心“O”点的作用力，物体就可在F的作用下既平动又产生旋转。其转

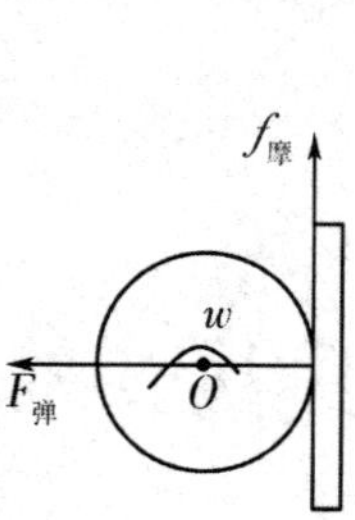

图3

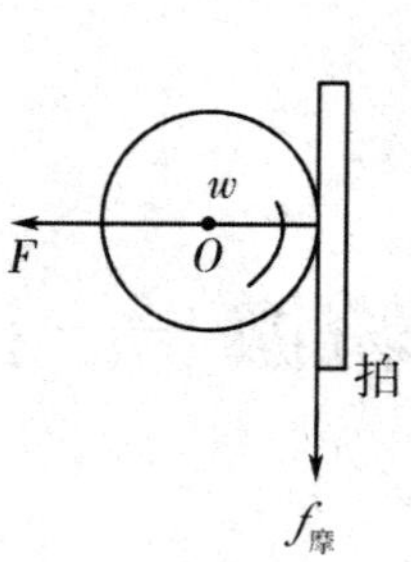

图4

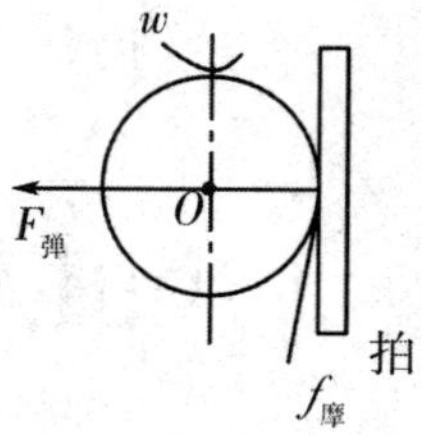

图5

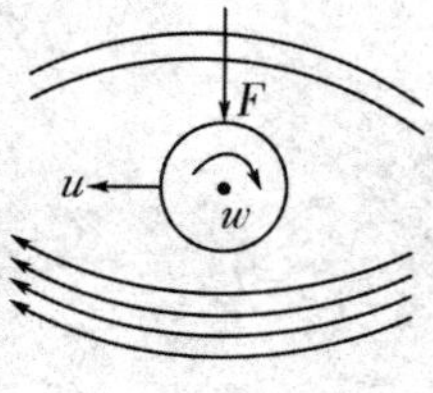

图6

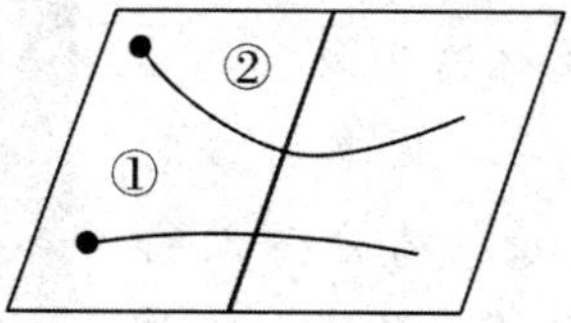

图7

动效果由 F 对 O 点产生的力矩的大小决定。

由以上分析可知，要使乒乓球旋转起来，则要求给球施加一个不通过其球心的力的作用。那么这个力从何而来呢？这个力来源于球拍对球的摩擦力。如图 3～图 5 所示，在拍击球的同时，使拍对球有相对运动就能产生摩擦力。

如图 3，拍击球的瞬间向上拉动球拍，则球受 $F_{弹}$ 和摩擦力 $f_{摩}$。两个力的作用，$F_{弹}$ 过球心不产生力矩，球在 $F_{弹}$ 作用下向前飞行的同时，$f_{摩}$ 与球相切，产生使球逆时针旋转的效果，这就是乒乓球运动中的上旋球。

同理，只要在拍击球瞬间向不同方向拉动球拍，就会使球产生不同方向且与球相切的摩擦力（如图 4、图 5）。

实际上在乒乓球运动中的切、削、搓、拉、带、提等技术动作都是指拍与球接触瞬间使拍与球产生侧向相对运动，从而使球受侧向摩擦力作用，而产生旋转。

在乒乓球前进过程中，由于球的旋转也会产生类似情况，如图 6 所示，对下旋球进行研究，球上方空气相对于球的流速小，而下方空气相对于球的流速大，这样就产生对球向下的压力，使球的飞行轨迹变低，而上旋球则刚好相反，对侧旋球会出现侧向压力，这种侧向压力的作用使球的飞行

方向侧转，类似于足球的香蕉球（如图7）。轨迹①是不转球的抛物线型轨迹，而轨迹②是强侧旋球的弧形轨迹线。

动量定理与接发球

乒乓球运动中，对付高速、强旋转球是非常困难的，如果对动量定理有较深刻的理解，加上平时的刻苦训练，对付起来就会容易一些。

动量定理告诉我们，冲量等于物体动量的改变。当接高速强旋转球时，要有效减少来球的动量，必须延长球与拍间的作用时间，而延长作用时间的方法，可以从选择球拍上着手，选择软质的球拍，可延长作用时间，从而达到减小来球的速度和转速的目的。

而在球拍选定的情况下要减力，则要求运动员握拍要松持，这样也能对来球起到缓冲作用，从而减小球与拍间的作用，而不致使回球出界。

你知道吗？

动量定理

物体动量的增量等于它所受合外力的冲量，或所有外力的冲量的矢量和。

公式为：$Ft=\Delta(mv)$

速度与攻防

乒乓球运动中，运动员在进攻时，要收到较好的进攻效果就必须使球有高速的运动和较强的旋转。

如何使球产生更大的速度呢？主要是增大球拍对球的打击力，从而使球产生较大的加速度，在瞬间使球产生一个较大的速度。

例如，设乒乓球质量为m，拍对球的打击力为F，则在这种打击力作用下产生的加速度为a，即：

◆乒乓球冠军张怡宁

$$a=\frac{F}{m},$$

如果作用时间为 t，则有球速

$v=at=\frac{Ft}{m}$，可见球速的大小主要取决于拍对球的作用力。

而在防守时，则必须首先判断来球的速度、旋转和落点等，作好应对准备以争取反应时间，提高防守能力。

如何化解旋转球

运动员在击打来球时，要保持球拍与水平面有一定的倾角。球就能越过球网，落在对方的球台上。在击球时不是用这种倾角迎面发力，而是使球拍大角度地向上“蹭”球，造成强烈旋转，球落到球台后就会大角度弹起并旋转，一触对方球拍立即高高飞起。这就是弧圈型上旋球。另一种拉球的方法是把倾角减小，球拍在球的顶部向前“蹭”球，球的旋转力很强，运行路线更加平直，一触球台就前冲下滚，与正常的运行路线截然不同，使对手措手不及，运动员称之为前冲式上旋球。

一般来说，胶粒高度超过1.5毫米的胶皮称为长胶。这种胶皮的胶粒很软，颗粒细长，支撑力小。

如何化解高度旋转的弧圈球呢？可以选用长胶球拍。长胶为什么能化解上旋球呢？这要从海绵拍“吃球”说起。

◆长胶

当攻方拉攻时，球是向上旋转的，而在守方的球拍接触球的一刹那，球是向下旋转接触球拍胶粒。由于强烈的摩擦，球就会受到反作用力，转而向上高速旋转，猝不及防，球就飞丢了。如果应对得当，球就会挡回对方球台，仍形成上旋球，但旋转已不那么强烈，正好造成对方扣杀的机会。

但是，如果球拍的胶粒很长、很细、很软，球在球拍上受到的作用力很小，如同蹭到了刷子毛的尖，一扫过去，旋转方向没有改变，只是稍稍遇到点儿阻力，旋转被减弱了。如果继续沿原方向旋转，回到对方球桌，成为了下旋球，使对方措手不及。

靠球的旋转制胜，已经成了重要的得分手段，而发球时制造旋转就更可以先发制人。旋转的强烈程度取决于球与拍发生侧向撞击的速度。乒乓规则要求发球时球必须向上抛起，这时如果把球拍向下切，摩擦球的侧面，球的旋转就会加剧。这是利用了物理中的相对运动、相对速度，在实践中发挥了明显的技术效果。这就是所谓的“合力球”。充分体现“前三板”的威力。这种发球制胜的手段几乎无人能敌。于是引起欧洲选手们的一片抗议和抵制。国际乒联也认为发球决胜负会限制乒乓球对攻技术的发展。回合少了，观众就没有兴趣了，失去了观赏价值。于是修改规则，发球时，不得在球上升过程中击球。这样“合力球”事实上就被取消了。不过，这倒更促使教练员们对物理发生了兴趣。

◆世界冠军王皓在发球

既然合力球的根本关键是球与球拍相对摩擦的速度，那么，就把球高高地抛起来。因为根据物理规律，如果忽略空气阻力，那么上抛物体的初速度和它下落到这一点时的速度是相同的。既然发球上抛时不准击球，它下落时总不能还不让打呀，只要速度还是那么快，球就还是那么转。

物理与球拍的选择

选择一适合自己的球拍能更快地提高运动水平。在运动中不同的人对球有不同的打法和不同的理解，技术动作也各不相同。对快攻型选手，要求争取时间使打出的球速度快，具有较大的威胁，这样就要求选择能产生强弹力的较硬的球拍。对削球型选手和以弧线球取胜的选手，主要是使球在运行过程中产生高速自转来增强攻击能力，这时选择的球拍要有较大的动摩擦系数，且拍质较软，让球可在拍面上具有较长时间接触，使摩擦力对球的作用时间能更长，从而产生更强的旋转。

而对于初学者来说，选择的球拍要求质地松软，且拍面较光滑，这时就不会因为技术动作的不熟练和经验不足导致接球失误。当然要选择好球拍还要对不同球拍的性能以及能发挥的作用有一个清楚的认识。

拓展思考

1. 乒乓球中的旋转球是怎么产生的？
2. 如何化解高速旋转的旋转球？
3. 如何正确地选择乒乓球球拍？

联接友谊的纽带
——体育运动中的球

在体育比赛中，球类运动占据着极其重要的地位。世界上共有28种不同的球类运动。主要项目有：足球、羽毛球、高尔夫球、篮球、网球、台球、排球、棒球、门球、水球、冰球、地掷球、手球、垒球、藤球、曲棍球、软式网球、毽球、乒乓球、保龄球等等。

◆篮球

这些门类繁多的球，就仿佛是一根根友谊的纽带，把不同种族的人们联接了起来。在体育赛场上，永不言败的体育精神就是我们共同的语言。

这一个个小小的球，其中也蕴含着丰富的力学知识，让我们共同进入体育和物理的天地吧！

排球中的飘球

在排球运动中，发球可以直接得分或破坏对方的一传，是唯一不受他人制约的技术，历来受到重视。发飘球的技术兴起于20世纪60年代，包括上手飘球、勾手飘球和后来发展起来的跳发飘球，由于球飞行轨迹特有

◆排球发球

◆中国女排

的不确定性，忽左忽右，或上飘或下沉，接球方难以应付，成为重要的发球技术，其机理也为人们所关注。

从运动员的实践可以归结出发出飘球的两条要领：一是击球要快速有力，球的初速度要大到一定的程度；二是作用力一定要通过球心，球在运动中不旋转或转动很慢。风洞实验表明，速度从 3 米/秒增加时，球的飘晃距离逐渐加大，在 10～15 米/秒时达到最大，是球在飞行中发生明显飘晃的速度，晃距可达 0.5～0.6 米。速度再高，到 16 米/秒时，晃距明显减小。

这样，发球时球离手的速度确实要高一些，使球在过网后速度仍能保持在 10 米/秒或更高，这样效果最好。

这样，对于“下坠型”的飘球，一般可理解为排球在飞行中，球速降低，当低到接近临界速度值时，随着速度的进一步减小，阻力急剧加大，是导致球偏离预定轨道突然下沉的原因。

排球的表面，标准的是由

18块球皮构成，每3块成一组，这导致组中4条接缝的走向大体一致，组间近似垂直排列。在风洞实验中，对球的悬挂采取了对称和不对称两种方式，悬挂点在3块球皮交接点的球为不对称球。在速度从8米/秒到20米/秒之间，可以发现不对称球的晃动更加积极，摆动的突然变化也更多。

球的飘晃或摆动，都是受到侧向力作用的结果。实际上，一些看起来似乎很不重要的情况，诸如表面上的轻微粗糙度，气流中多少带有一些涡旋等等，常常会显著地影响球的旋转和运动轨迹。

麻脸的高尔夫球

高尔夫球表面不是光滑的，而是有许多小凹坑，这些小凹坑有什么作用呢？

高尔夫球表面之所以设计有许多小凹坑，其目的是让高尔夫球飞得更远。统计发现，一颗表面平滑的高尔夫球，经职业选手击出后，飞行距离大约只是表面有凹坑的高尔夫球的一半。

为了找出最佳发射条件，高尔夫产业的工程师和科学家对球杆和球之间的撞击进行了深入的研究。撞击通常只维持1/2000秒，它决定了球的速度、发射角以及球体的自旋速度。接着，球的飞行轨迹会受到重力以及空气动力学的影响。因此，空气动力学的最佳化设计便成为让高尔夫球飞得远的关键。

空气对于任何在其中运动的物体，包括高尔夫球，都会施加作用力。把你的手伸出行驶中的车外，可以很容易地感觉到这种情况。空气动力学家把这个力分成两部分：升力及阻力。阻力的作用方向与运动方向相反，而升力的作用方向则朝上。高尔夫球表面的小凹坑可以减少空气的阻力，增加球的升力。

◆麻脸的高尔夫球

一颗高速飞行的高尔夫球，其前方会有一高压区。空气流经球的前缘再流到后方时会与球体分离。同时，球的后方会有一个紊流尾流区，在此区域气流起伏扰动，导致后方的压力较低。尾流的范围会影响阻力的大小。通常，尾流范围越小，球体后方的压力就越大，空气对球的阻力就越小。小凹坑可使空气形成一层紧贴球表面的薄薄的紊流边界层，使得平滑的气流顺着球形多往后走一些，从而减小尾流的范围。因此，有凹坑的球所受的阻力大约只有平滑圆球的一半。

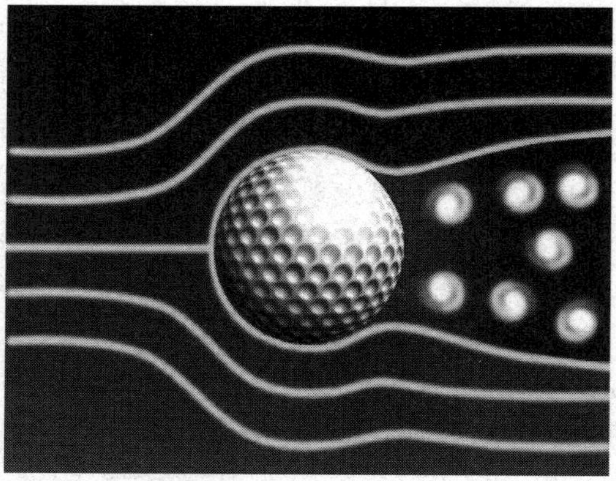

◆高尔夫球的紊流尾流区

小凹坑也会影响高尔夫球的升力。一个表面不平滑的回旋球，会像飞机机翼般偏折气流以产生升力。球的自旋可使球下方的气压比上方高，这种不平衡可以产生往上的推力。高尔夫球的自旋大约提供了一半的升力。另外一半则是来自小凹坑，它可以提供最佳的升力。

◆高尔夫球运动

大多数的高尔夫球有 300～500 个小凹坑，每个坑的平均深度约为 0.025 厘米。阻力及升力对凹坑的深度很敏感：即使只有 0.025 厘米这么小的差异，也可以对轨迹和飞行距离造成很大的影响。小凹坑通常是圆形的，但其他的形状也可以有极佳的空气动力性能，例如某些公司生产的高尔夫球采用的是六角形凹坑。

小球与大球之争

1921 年，英国高尔夫球管理委员会规定球的最大质量为 1.62 英两（45.93 克），最小许可直径为 1.62 英寸（41.1 毫米），1931 年美国高尔夫球协会对于球重，选择了和英国相同的规定，但是最小许可直径却定为 1.68 英寸（42.7 毫米），大于英国的规定。这样美国的球可以在英国用，英国的球却违反美国的规定。高尔夫球界开始了小球和大球之争。

◆高尔夫球

人们也许认为，美式球的最小许可直径只比英式的大不到 2 毫米，差别小于 4%，但是与直径的平方成比例的截面积却加大了 7%，击球者很容易意识到这一点。少部分球员认为这会增加击球时的信心，有利于打出好球，但是大多数球员隐约感到大球飞行得不是很理想，比赛起来更困难一些。实验和理论的研究表明在射程和侧风的影响方面两种球是有一些差别，但是对中等水平的球员，只要没有成见，用大球对他们的比赛成绩并没有什么影响。1968 年，英国高尔夫球协会决定在他们主管的各类比赛中使用大球，今天这已成为通用的规则，主要的原因是职业球员每年要在不同的国家进行巡回比赛，对于球的尺寸应该有统一的标准，采用大球是争议最少的选择。

◆小球与大球

现代的小球和大球问题出现于乒乓球运动。由于中国和其他欧亚国家的努力，到20世纪90年代初，乒乓球运动的水平已有很大的提高，球的速度和旋转强度已加大到使每分球的回合次数明显减少，人们逐渐失去了看球的兴趣，电视转播的收视率也随之下降。为提高其观赏性，2000年2月23日国际乒联特别大会通过，从当年10月1日起将球的直径和重量从原来的38毫米和2.5克，改为40毫米和2.7克。对于球的直径和重量的选择，除去球的截面积加大了约11%，观众能看得更清楚一些外，更重要的是要适当地降低球速和旋转，这里，分寸的掌握是最困难的。

在新规定出台前，国际乒联委托中国乒协对不同直径和重量的球对击球速度和旋转的影响进行了实验。和原来的小球（称为A）对比，选了直径40毫米的两种大球，一种称为B，重2.79克，另一种称为C，重量和A相同。测量结果表明，在正手攻球和正手扣杀情形下，大球B速度下降2%～4%，大球C则下降8%～13%，在拉球旋转程度方面，B比A下降13%，C比A下降21%。

大球重量最后选择为比球B稍轻一些。从给出的实验结果可以推断，球速的降低约为4%～7%，旋转的减弱约为15%，两方面都有所降低，但都不过分．从近期的比赛看，小球变大球，再加上每局改为11分制，在提高球赛的观赏性方面是十分成功的，比赛的回合增多，特别是由于速度和

旋转的减弱，削球手又回来了，乒乓球比赛确实变得更加好看了。

拓展思考

1. 体育运动中的球类运动有哪些种类？

2. 排球中的飘球是怎么产生的？

3. 高尔夫球表面为什么有许多小凹坑？

4. 乒乓球的小球与大球有什么区别？小球换成大球对乒乓球的速度有什么影响？